水生态环境在线感知仪器

袁家虎　黄　昱　封　雷　谢远扬　李吉业　编著

科学出版社

北　京

内 容 简 介

本书是中国科学院重庆绿色智能技术研究院相关研究团队的集体智慧的结晶。本书内容包括在线感知仪器的基础知识、水生态环境在线感知的常用指标及在线监测仪器、数据采集与传输、在线感知设备的安装与日常维护管理方法、水生态环境在线感知设备的应用实例及其发展趋势。

本书可供自动化专业、电气工程专业、精密测控专业和环境工程专业的本科生与研究生参考，也可供从事仪器仪表开发的专业技术人员阅读。

图书在版编目(CIP)数据

水生态环境在线感知仪器／袁家虎等编著. —北京：科学出版社，2021.1

ISBN 978-7-03-065527-1

Ⅰ.①水… Ⅱ.①袁… Ⅲ.①水环境–生态环境–研究 Ⅳ.①X143

中国版本图书馆 CIP 数据核字 (2020) 第 103292 号

责任编辑：李小锐／责任校对：彭　映
责任印制：罗　科／封面设计：墨创文化

科学出版社 出版

北京东黄城根北街16号
邮政编码：100717
http://www.sciencep.com

成都锦瑞印刷有限责任公司 印刷

科学出版社发行　各地新华书店经销

*

2021年1月第一版　　开本：787×1092 1/16
2021年1月第一次印刷　　印张：10 1/2
字数：249 000

定价：92.00元
(如有印装质量问题，我社负责调换)

序

生态文明建设是关系中华民族永续发展的根本大计。党的十八大以来，习近平总书记就生态文明建设提出了一系列新理念、新思想、新战略，深刻回答了为什么建设生态文明、怎样建设生态文明等重大理论和实践问题。长江是中华民族母亲河，三峡库区是长江上游生态屏障的最后一道关口。筑牢长江上游重要生态屏障，是落实中央深入推动长江经济带发展战略的重要举措，是习近平生态文明思想在长江流域的生动实践。

生态环境监测是生态环境保护的基础，是生态文明建设的重要支撑。近年来，以"互联网+"为标志的大数据和智能化技术在生态环境监测领域的融合应用如雨后春笋般不断涌现，在大量减轻人工工作量、及时反馈生态环境状态、有效防范风险，支撑应急管理等方面，具有十分重要的实践意义和应用价值。但是，在实践过程中，特别是在我国大江大河与重要湖库的应用融合中，迄今依然存在一些技术难题，如何更全面实时掌握水生态环境状态变化、如何更深入挖掘海量水生态环境数据等，仍需更丰富的探索实践。

近年来，中国科学院重庆绿色智能技术研究院袁家虎研究员领导科研团队，以三峡水库为主要对象，以水生态环境感知系统的业务化运行为目标，从三峡库区水生态环境在线感知系统建设的总体设计、新型在线监测传感器研发与综合浮标系统构建、水生态环境综合感知与可视化平台集成运用等开展了一系列研究和应用开发工作。我认为，该工作的重要价值在于，创新开发了系列在线监测传感器，突破性地解决了水生态健康、毒理指标尚难以实时自动监测的难题，部分关键技术尚属国际首创。革新改进大数据分析方法与系统平台，有力推动了在线监测结果从简单描述、定级判别跨越到多要素复合分析、综合趋势预测，其核心算法与技术得到国际同行认可，属国际先进水平。相关工作打通了水生态环境在线监测、综合感知分析的全技术链条，探索形成了可业务化运用、可开放共享、可推广复制的水生态环境综合感知系统，为支撑三峡工程后续工作、服务地方生态环境管理等提供了重要而有力的技术保障。

该系列专著集中展现了中国科学院重庆绿色智能技术研究院（中国科学院大学重庆学院）相关团队近年来的研究成果，其学术价值体现在以下两个方面：一是虽独立成册，但均共同围绕一个主题，从不同角度逐层展开，一脉相承，环环相扣，体现了三峡水库水生态环境感知系统从基础到应用的完整学术逻辑和"全链条"实践；二是充分体现了学科交叉的特点，涵盖光学工程、仪器科学与技术、信息与通信工程、环境科学与工程、计算机科学与技术等学科门类，学科跨度大，将为不同专业人士的应用实践提供有益参考。

保障三峡库区水生态环境质量安全，确保"一江清水向东流"，对维护整个长江流域乃至全国生态环境安全具有十分重要的意义。我相信该系列专著能够为加快完善长江流域国家地表水环境监测网络，推动长江生态环境保护与修复，推进长江流域水环境质量持续改善，将积累具有重要价值的知识资料和实践经验。

中国科学院院士

2020 年 10 月

前　言

　　水对于生命至关重要。地球上，哪儿有水，哪儿就有生命的迹象。水在自然环境和社会环境中，对人类而言，都是极为重要而活跃的因素。山清水秀、鸟语花香、五谷丰登是人类向往的美好生活，也是人类劳动成果的价值体现。

　　我国现在是世界第二大经济体，城市规模逐渐扩大，工业水平不断提高，国富民强，人民生活日新月异。但与此同时，经济的快速发展对我国水环境质量造成了一定破坏，从而影响到人民生活的品质。水生态环境感知作为研究水生态环境质量、分析污染成因的一种必要手段，是水生态环境保护的重要环节，在"绿水青山就是金山银山"的理念日益深入人心的今天，具有重要的意义。

　　水生态环境在线感知，是以在线自动分析仪器为核心，运用现代传感技术、自动测量技术、计算机应用技术以及相关专业分析软件和通信网络的综合性在线监测体系，实现对水生态环境的实时、高效监测和分析。相较于传统的人工分析监测方法而言，在线自动监测系统具有人工劳动强度低、精准化程度高、监测数据连续可靠的优势。自 20 世纪 70 年代以来，国内外先后建立的水生态环境自动监测系统已有相当规模，得到广泛应用。

　　本书讲述了水生态环境领域常用的在线感知仪器及其基本原理，内容共有 7 章。第 1 章介绍水生态环境在线感知对人类生产生活的重要性及其发展现状。第 2 章介绍感知仪器的基础知识，讲述仪器感知元件的种类、构成和评价指标。第 3 章介绍水文、水质、水生态和气象共 4 个方面合计 23 个常用监测指标的监测意义和监测方法。第 4 章介绍 23 个水生态环境常用监测指标的在线感知仪器及其基本原理，以及市场上的典型仪器。第 5 章介绍在线感知仪器的数据采集与传输方式。第 6 章介绍在线感知仪器的日常使用方式，包括仪器的安装、校准、维护以及应用案例。第 7 章描绘水生态环境在线感知仪器的发展趋势。

　　本书取材于中国科学院重庆绿色智能技术研究院近年来先后承担的国家"十二五"水专项课题和中国科学院科技服务网络计划课题等，是中国科学院重庆绿色智能技术研究院相关研究团队集体智慧与劳动的结晶。本书可作为自动化专业、电气工程专业、精密测控专业和环境工程专业的本科生与研究生教学参考书，也可供从事仪器仪表开发的专业技术人员阅读。

　　由于仪器仪表和环境科学技术发展迅速，本书涉及自动化、通信工程和环境工程等不同学科领域，编写中难免有疏漏之处，敬请读者不吝指正。

目　　录

第1章 绪 论

1.1 水生态环境在线感知的意义

水是生命之源，人类发展的历史与水息息相关。在许多人类活动如工业生产、农业灌溉和日常生活中都需要水。同时，水在地球上不断地循环可以调节地球的气候。大禹治水，三过家门而不入，古代生产生活的首要任务是把水管理好。李冰父子修建都江堰，2000 多年来成都平原风调雨顺，成就天府之国。

在自然界的水资源中，人类主要使用的是淡水，包括河水、淡水湖泊和浅层地下水，但是这仅占地球总水量的 0.2%。因此，地球上可供人类使用的淡水资源极为有限。根据水利部发布的 2018 年《中国水资源公报》，整体上，2018 年全国水资源总量为 27462.5 亿 m³，与多年平均值基本持平，比 2017 年减少 4.5%。其中，地表水资源量为 26323.2 亿 m³，比 2017 年下降 5.1%。下降主要体现在东南流域、长江流域、珠江流域、西北流域以及西南流域，其中东南流域和长江流域分别减少了 16.3% 和 11.9%。而辽河区、黄河区、海河区和松花江区的地表水资源增加了 30% 以上，淮河区增加了 10%。地下水资源量为 8246.5 亿 m³，比多年平均值高 2.2%。其中，平原地区地下水资源 1848.7 亿 m³，丘陵地区地下水资源 670.01 亿 m³。然而，2018 年全国供水总量为 6015.5 亿 m³，占当年水资源总量的 21.9%。其中，地表水源供水量增加了 7.2 亿 m³，地下水源供水量减少了 40.3 亿 m³，其他水源供水量增加 5.2 亿 m³。从用水量看，2018 年全国用水总量为 6015.5 亿 m³，比 2017 年减少 27.9 亿 m³[1,2]。2018 年中国Ⅰ～Ⅲ、Ⅳ～Ⅴ和劣Ⅴ类水河长分别占估算河道长度的 81.6%、12.9% 和 5.5%[1]。河流的主要污染项目是氨氮、总磷和化学需氧量。湖泊水质的主要污染项目是总磷、化学需氧量和高锰酸盐指数。水质评估的全国 2822 处浅层地下水的主要污染项目为铁、锰、铝、总硬度、可溶性总固体、氟化物、碘化物、硫酸盐、氨氮和硝态氮[3]。

根据世界银行的统计，中国的水资源总量居世界第六位，而人均水资源占有量在 153 个国家中排名第 88 位，仅为 2240m³。总体而言，中国的水资源短缺、人均占有量低、水资源和土地资源分配不均、水污染以及城市缺水现象突出。未来一段时间，随着工农业的快速发展，我国的用水量也将增加，缺水形势将更加严峻。水资源的保护和利用将变得越来越紧迫[4]。

水安全问题关系到中国社会经济发展的可持续以及人民的健康。保护水环境和高效利用水资源是实现中国全面可持续发展的重要环节[5]。水生态环境的感知包括监测地表水和地下水的质量，监测生活污水、工农业废水等污染源以及监测可能影响水质变化的气象和水文参数。水生态感知是水环境保护和水资源合理利用的前提。水生态环境自动监测技术可以持续监测水质和周围环境的变化，及时反馈水环境信息，提高监测的可靠性。在线感知技术的发展和应用，促进水环境监测工作向现代化方向发展，提高了监测精度和实时性，为水环境保护和水资源利用工作提供了强有力的支持[6,7]。

与传统的手动监测方法相比，在线环境感知方法具有许多优点。环境在线感知技术利用计算机和电子通信技术实现对各种环境指标的实时连续监测。同时，它可以组织和汇总监测数据，并使用人工智能技术综合分析数据[8]。在线水生态环境感知的核心部分是在线自动分析仪器，通过先进的传感器技术、自动控制技术、自动测量技术、计算机技术、分析软件以及有线和无线传输，将在线自动环境监测成为一个综合信息平台[9]。

现代化的综合在线感知系统可以实现目标污染物的实时监测。借助网络传输技术，可以实现对水环境变化参数的综合监测，极大地方便了环境保护工作中水质变化的监测[10]。而且其可以服务于各个环境保护部门，提供更好的信息交流平台。这对于促进我国环境保护工作和中国环境保护产业的发展具有重要意义[11]。

我国的环境监测工作正处于快速发展阶段，在线环境监测系统仍在大规模建设中，覆盖范围将继续扩大。2016 年，我国有 200 多家从事环境监测业务的企业[12]。他们中的大多数从事在线自动监测系统的开发、生产、安装和操作，监测内容涉及废气、废水、环境、空气和地表水。其中，约有 80 家公司从事水质在线监测仪器和设备的开发和生产。环境监测仪器行业的销售收入逐年增加。随着国内环境保护行业受政策、法规和监管的驱动与环境需求的增强，国内环保设备销售和环境治理市场呈现出前所未有的高速发展趋势。随着国家对水环境监测产业的重视，中国水环境监测产业规模不断扩大。2014 年我国水质监测设备销售 12252 台，同比增长 23.16%。2015 年 4 月，国家出台《水污染防治行动计划》（国发〔2015〕17 号）、《城镇污水排入排水管网许可管理办法》、《全国地下水污染防治规划》等利好政策，可以预见，借助物联网技术水质监测系统将在国内快速普及，行业发展前景看好[13]。

环境监测是环境污染治理、环境质量管理和检验措施有效性的基础。应用在线技术监测环境，可以大大提高数据的有效性，提供更多的基础数据来支持环境保护工作人员的工作[14]。利用水环境在线自动监测加强水资源管理，保障水资源的安全是关系国计民生的大事。采用水环境在线连续自动监测系统，及时、准确地了解情况，掌握突发性环境污染事故，快速得到事故中污染物的类型、浓度、范围以及可能的危害，提供准确和可靠的科学依据，为科学决策提供充分的技术支撑[15,16]。

1.2　国内外发展现状

水生态环境感知包括监测地表水和地下水水质状况以及生活污水和工农业废水污染等的污染源。其内容包含各种元素以及水环境和水生生物之间关系的监测与评价，利用包括水陆植被在内的水资源、地形地貌和生物等生态指标进行监测与评价。传统意义上的水生态环境监测，即为水环境监测，但与后者相比，监测水生态环境具有更广的范围和更系统的评价指标。随着监控需求的提高，水生态环境监测技术不断进步，其发展路径大致可分为三个阶段：试验分析阶段、监测阶段和自动在线感知阶段。从第二次工业革命后的

19 世纪末到 20 世纪初的几十年，美国的污水排放逐渐开始影响水环境，此时小部分专家开始关注水环境的监测。这一阶段是水生态环境监测技术的试验分析阶段，主要监测任务是分析一些简单的感官指标，所使用的方法也较为简单，如称重法、滴定法、常规细菌学监测的方法等。另外，还对水生生物进行观察及统计分析[17,18]。

由于工业对水环境的污染越来越严重，1959 年美国开始在俄亥俄河实施水质监测。早期监测水质是通过在特定时间、特定位置采取水样后回到实验室进行手工水质分析。由于时间滞后，测试结果的分析不能准确反映实时变化。之后，随着嵌入式技术的发展，水质分析仪器得到了快速发展，实现了在线水质监测。到 1975 年，美国共有 13000 个水质自动监测网络监测台站。建成的台站中，150 台由美国国家水质监测网络管理。在欧洲，1986 年发生了莱茵河流域的重大污染事件。之后，多国的合作治理是其成功的一个重要因素[19]。截至 2000 年，在莱茵河畔布有 7 个国际化的水质预警中心、30 多个水质监测站以及世界上最大的生物指示监测系统。日本于 1967 年开始使用水质自动监测方法对主要水域进行监测，截至 1992 年 3 月，在 34 个都道府县及政令指定城市的大多数河流和湖泊已建立 169 个水质自动监测站[20]。这一段时间，水质监控技术进入了自动监测阶段。在该阶段，水生态监测仪器向更现代化和自动化的方向发展，标准的监测指标日趋完善，QA/QC 的思想逐渐贯穿到不同国家的水质模型分析方法中，鱼类完整指数、生物多样性等定量指标也逐渐被用来分析鱼类与水生植物的情况。最近十年，工业污染对水环境的威胁越来越突出，社会对在线监测水环境的需求也变得更加强烈，美国、加拿大、英国、德国、法国和日本等许多国家的水生态在线环境监测初具规模[21]，这些在线监测系统被应用于供水系统、污水处理系统、洪水预警系统、跨流域调水、灌区配水管理等。在水质快速监测方面，这些国家也积极开发利用生物制剂、放射性标定和化学催化等技术，实现对污染物的快速监测[22]。

我国在水生态环境监测技术方面起步较晚。20 世纪 80 年代，我国主要采用手工收集、分析数据以及手工汇总制表等传统工作手段进行水质监测数据管理。但由于取样时间长、分析耗时、信息传递延时等，已不能满足现代水环境监测实时性与准确性的需求。随着国家和社会各界给予的巨大投入和支持，我国第一个水质连续自动监测站于 1988 年在天津试点设立。至此，我国水质监测正式步入自动监测阶段。随后，北京、上海等城市也先后建立了水质自动监测系统[23]。截至 2015 年 9 月，全国主要河流重点断面的国家水质自动监测站总数已达到 145 个，各自动监测站获取的数据可通过国家生态环境部数据中心实现水质自动监测周报的发布。

根据 2009 年环保产业协会统计数据，我国的环境水质在线监测仪器厂家主要以民营企业为主，从事环境水质在线监测的企业达到了 80 余家，业内领先的企业包括聚光科技(杭州)股份有限公司、河北先河环保科技股份有限公司、宇星科技发展(深圳)有限公司等。业内企业中单一企业所占的市场份额不大，市场集中度不高。2015 年之前，环保产业参与主体主要以外资企业和民营企业为主。但从 2015 年开始，越来越多的央企开始跨界进入环保领域。据不完全统计，截至 2019 年底，95 家央企中，涉足生态环保产业的达到 53 家。此外，华为、腾讯、万科等企业也都纷纷进军环保领域[24]。可以预见，随着我国环保水质自动监测市场的快速增长，具备自主研发优势和市场拓展能力的企业将占据市场的制高点,更快速占领市场份额,成为环保监测设备行业的龙头。根据中国工控网的统计资料显示,就全国废水污染源监测系统而言,目前的市场保有量在1.8万套以上。以每套系统的寿命为5年计算,随着数据有效性审查工作的开展,早期安装的监测系统面临仪器老化、监测数据不准等问题,需要进行更新换代,进而产生对仪器本身持续不断的需求。预计仅这一板块,每年设备更换数量均能保持超过数千台规模。

一个高效的监测网,不仅需要在空间上能够全面、客观地反映出区域水生态状况,而且还需要在时间尺度上满足水生态环境时间变化的评价需求,从而为水环境的科学决策提供有效的辅助管理工具[25]。总体来看,国外的水环境监测应用起步早,监测技术发展较为成熟,而我国在水生态环境自动监测技术、生态指数的快速评价、生态预警预报系统建设等方面仍处于发展阶段。经过多年的探索,我国在水资源水环境监测技术方面有长足的进步,取得了不错的成果,水环境在线监测与信息管理系统已经得到了一定的应用。虽然我国在水生态环境自动监测技术、生态指数的快速评价、生态预警预报系统建设等方面较国外同行而言起步较晚,但后发优势不容小觑。随着国家环保执法力度的继续增大和配套环境水质在线监测法律法规的相继出台,环境水质在线监测系统的需求将趋于旺盛。水环境在线监测仪器的可靠性、稳定性和种类、数量将逐步提高,中国水生态环境在线监测市场将实现快速发展,市场潜力巨大[26,27]。

第2章 在线感知仪器的基础知识

在线感知使用专门的传感技术，获取被测参数原值，依靠参量转换、标定和计算，获得测量值。然后，通过远程通信的方式搜集测量数据。在一般情况下，其目的是在有限的时间内尽可能地得到被测对象的正确信息，利用网络通信的方式实时传输信号，尽快得知测量信息，从而实时提供参数变化情况，实现更为精准且合理的控制与管理[28,29]。

在线感知包括一个或多个形式的参量转换(包括敏感元件、转换器、信号处理部分和信号发送)，以及数据表达部分等。就在线监测藻细胞数而言，其中光学成像是敏感元件，通过图像处理分析计算藻细胞个数并无线发送到信息分析平台。信息分析软件到指定位置提取相关数据，即获得了数据表达。数据表达许多时候可以由显性的方式展示，以利于人们观察，如显示在电子屏上[30]。

2.1 在线感知仪器的构成

在线感知仪器是一个可以在线且实时地按照一定规律将被监测量转换成可输出信号进而反映特定的被监测量的器件或装置，通常由敏感元件、转换元件、基本转换电路和数据通信四部分组成[31,32]，如图 2.1 所示。

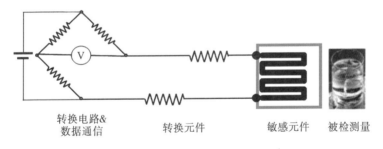

转换电路&　　　　转换元件　　　　敏感元件　　　被检测量
数据通信

图 2.1　在线感知仪器的组成示意图

图 2.1 中，敏感元件感应被检测量发生物理或化学变化时(如电阻或荧光等)，转换元件将这种变化转换成易于测量的电压或电流信号，然后通过模数转换，形成数字信号并存储，也可通过通信电路远程传输[33]。

2.1.1 敏感元件

敏感元件的作用是感受被测对象某一类型的信号后通过对应关系转换输出为另一个类型的信号(例如电容式压力传感器的压力敏感元件的压力被转换成一个输出的电容量)，

其能够灵敏地将一些物理、化学或者生物信息转换成对应电信号。这种元件通常由具有某种或者某些敏感效应的材料组成。敏感元件可以根据所测量的物理量[如热(参见热敏电阻)、感光、电压、磁、气体、湿度等]来命名。敏感元件可以感知达到或超过人的感觉器官功能的信息,是传感器的核心。并且,随着计算机和信息技术的快速发展,极大地增加了敏感元件的重要性[6,28]。敏感元件有以下几种类型。

1. 热敏电阻

热敏电阻是一种对温度敏感的元件,可根据不同的温度系数将热敏电阻分为正温度系数热敏电阻(PTC)和负温度系数热敏电阻(NTC)。它的典型特性是电阻对温度敏感,在不同温度下表现出不同的电阻值。

2. 压敏电阻

压敏电阻是一种具有非线性伏安特性的电阻器件,主要用于在电路承受过压时进行电压钳位,吸收多余的电流以保护敏感器件,是限压型电路保护元器件之一。压敏电阻凭借快速响应时间、低泄漏电流等优势广泛应用于电源系统、安防系统、电动机保护、汽车电子系统、家用电器等领域。

3. 光敏电阻

光敏电阻是一种电阻值对入射光(通常是可见光)的强弱敏感的元件。其电阻值能够随着入射光强度的变化产生相对应的变化。通常情况下,电阻值与入射光强呈负相关。光波长与光敏电阻所用材料能够影响光敏电阻器对入射光的响应。

4. 力敏元件

力敏元件是一种对外部的压力变化能够产生相联系的电参数变化的元件。通过转变得到的信号不同,可以分为电阻式、电容式和压电式等。最常见的力敏元件是金属应变仪和半导体应变计[34]。金属应变仪是利用外力作用使金属箔或金属丝伸长或缩短后产生电阻值变化来完成信息转换的,其材料多采用铜、镍等金属和合金。半导体应变计主要利用半导体材料的压阻效应,可以分为力型和扩散型。其中,扩散型半导体应变计是利用半导体平面技术制成的,性能优良且非常具有前景。敏感度是力敏元件重要的基本参数,是电阻变化与相对应的力信号变化量的比值。金属应变仪的灵敏系数为 2~3,而半导体应变计的灵敏系数能够达到 20~200。目前,力敏元件已被应用到更多的方向,如测量机械压力、位移、力矩、加速度、压力、气体流率等[35]。

5. 磁敏元件

磁敏元件是一种磁信号与电信号相互转化的元件,由霍尔元件、磁敏二极管、磁阻元件和磁敏晶体管等构成。霍尔元件(也称霍尔发生器)是一种半导体器件,主要利用霍尔效应,将给定控制电流条件下霍尔电压与磁感应强度的比定义为霍尔元件的磁灵敏度。磁阻元件的核心是利用半导体的磁阻效应。磁阻系数就是磁阻元件的磁灵敏度,即某一磁场强度和零磁场强度下电阻值的比值。通过磁场作桥接,所述磁敏元件测量多种物理量,包括位移、振动、压力、角度、旋转、速度、加速度、流率、电流和电功率等。

6. 气敏元件

气敏元件是一种电参数对外部气体类型或浓度的变化敏感的元件。对于其感知气体变化的作用机制仍处于探索阶段。一般认为,半导体表面对气体吸附与解吸导致其自身的能使结构发生变化,从而宏观上引起半导体的电阻值变化。半导体气体传感器具有灵敏度高、结构简单、使用方便、价格低廉的优点。许多金属氧化物材料如氧化锌(ZnO)、氧化锡(SnO_2)、氧化铁(Fe_2O_3)、三氧化二铬(Cr_2O_3)、氧化镁(MgO)和氧化镍(NiO)等具有气体敏感效果。其中,最常用的气体敏感材料是氧化锡和氧化锌,不过它们对温度也具有一定的敏感性。通常来说,防灾报警(如在火灾报警器应用程序中的气体传感器)、防止污染和监测计量等是气敏元件的主要应用领域。

7. 湿敏元件

湿敏元件是一种随着环境湿度的变化而产生电参数变化的敏感元件。湿敏元件中用于感知湿度变化的材料包括电解质、有机聚合物、金属氧化物、陶瓷等。通常,用湿度敏感电阻器的电阻值在相对湿度 1%条件下的变化率来表示其灵敏度。大部分湿度敏感电阻器的电阻值的变化与环境湿度的变化呈负相关关系,这类湿度敏感电阻器被称为负特性湿度敏感电阻器。也有少数湿度敏感电阻器的电阻值的变化与环境湿度的变化呈正相关关系。一般而言,湿度传感器主要用于湿度的测量和控制,根据所测量湿度范围的不同,可分为高湿型、低湿型和全湿型。它已经被广泛应用于气象、食品、纺织、轻工等部门和环保空调、仓储设施中[36]。

8. 光学敏感器

光学敏感器是一种对光辐射(光谱、光强)敏感的传感器。对水环境监测而言,主要感知水色指标,并获取水环境相对于这些参考源的参数信息。光学敏感器主要有互补金属氧化物(complementary metal-oxide-semiconductor, CMOS)传感器、电荷耦合元件(charge-coupled device, CCD)传感器等[37]。

CMOS 本是计算机系统内一种重要的芯片,保存了系统引导最基本的资料。后来发现 CMOS 经过加工也可以作为光学的图像传感器,CMOS 传感器可细分为被动式像素传感器(Passive Pixel Sensor CMOS)与主动式像素传感器(Active Pixel Sensor CMOS)。CMOS 和 CCD 均采用类似的色彩还原原理,但是 CMOS 传感器信噪比差、敏感度不够的缺点使得应用不如 CCD 广泛。不过 CMOS 传感器也有 CCD 难以比拟的优势:首先,普通 CCD 必须使用 3 个以上的电源电压,而 CMOS 在单一电源下就可以运作,因而 CMOS 耗电量更小;其次,CMOS 是标准工艺制程,可利用现有的半导体制造流水线,不需额外增加设备,且品质可随半导体技术的提升而进步;最后,CMOS 传感器的售价比 CCD 便宜近 1/3。因此,CMOS 也是光学图像处理中重要的传感器[38,39]。

CCD 传感器可直接将光学信号转换为模拟电流信号,电流信号经过放大和模数转换,实现图像的获取、存储、传输、处理和复现。其显著特点是:①体积小、重量轻;②功耗小,工作电压低,抗冲击与震动,性能稳定,寿命长;③灵敏度高,噪声低,动态范围大；④响应速度快，有自扫描功能，图像畸变小，无残像；⑤应用超大规模集成电路工艺技术生产，像素集成度高，尺寸精确，商品化生产成本低。因此，许多采用光学方法进行测量的仪器，把 CCD 器件作为光电接收器。同时 CCD 从功能上可分为线阵 CCD 和面阵 CCD 两大类。线阵 CCD 通常将 CCD 内部电极分成数组，每组称为一相，并施加同样的时钟脉冲。所需相数由 CCD 芯片内部结构决定，结构相异的 CCD 可满足不同场合的使用要求。线阵 CCD 有单沟道和双沟道之分，其光敏区是 MOS 电容或光敏二极管结构，生产工艺相对较简单。它由光敏区阵列与移位寄存器扫描电路组成，特点是处理信息速度快，外围电路简单，易实现实时控制，但获取信息量小，不能处理复杂的图像。面阵 CCD 的结构要复杂得多，它由很多光敏区排列成一个方阵，并以一定的形式连接成一个器件，获取信息量大，能处理复杂的图像。CCD 的光谱灵敏度取决于量子效率、波长、积分时间等参数。量子效率表征 CCD 芯片对不同波长光信号的光电转换本领。不同工艺制成的 CCD 芯片，其量子效率不同。灵敏度还与光照方式有关，背照 CCD 的量子效率高，光谱响应曲线无起伏，正照 CCD 由于反射和吸收损失，光谱响应曲线上存在若干个峰和谷[40-42]。

2.1.2 转换元件

转换元件指传感器中能将敏感元件输出转换为适于传输和测量的电信号部分。转换元件是传感器的重要组成部分，它的前一环节是敏感元件。但有些传感器的敏感元件与转换元件是合并在一起的，例如半导体气体、湿度传感器等[43]。

2.1.3 基本转换电路

基本转换电路是将电信号转换成便于传输处理的电量。A/D 是模拟量到数字量的转换，依靠的是模数转换器(analog to digital converter，ADC)。D/A 是数字量到模拟量的转换，依靠的是数模转换器(digital to analog converter，DAC)。模数转换和数模转换是常见的转换方式。

模数转换过程包括取样、保持、量化和编码四个步骤。取样是将时间上连续变化的信号转换为时间上离散的信号，即将时间上连续变化的模拟量转换为一系列等间隔的脉冲，脉冲幅度取决于输入的模拟量大小。模拟信号经过采样后，采样脉冲宽度 τ 一般很短暂，在下一个采样脉冲到来之前，需要使用电路暂时保持所取得的样值脉冲幅度，以便后续转换。将采样后的样值归化到与之接近的离散电平上，即量化。用二进制数码来表示各个量化电平的过程，即编码。两个量化电平之间的差值称为量化单位，位数越多，量化等级越细[44]。数模转换是模数转换的逆过程，它将数字量转换成模拟量。一般按输出是电流还是电压进行分类。大多数 D/A 转换器由电阻阵列和多个电流开关(或电压开关)构成。按数字输入值切换开关，产生与输入成正比的电流(或电压)。此外，也有为了改善精度而把恒流源放入器件内部的。一般来说，由于电流开关的切换误差小，大多采用电流开关型电路，电流开关型电路如果直接输出生成的电流，则为电流输出型 D/A 转换器。此外，电压开关型电路为直接输出电压型 D/A 转换器。

2.1.4 数据通信

数据通信广泛地运用在遥控、遥测、无线网络、工业数据采集系统、无线标签、身份识别、无线数据终端、安全防火系统、无线遥控系统、生物信号采集、水文气象监控、机器人控制等领域。数据采集可通过采集串口设备(如串口仪表、采集器和 PLC 等)进行。数据通信模块将通信芯片、存储芯片等集成在一块电路板上,使其具有短消息发送、语音通话、数据传输等功能。远程数据采集模块可以实现普通手机的主要通信功能,也可以说是一个"精简版"的手机。电脑、单片机、ARM 可以通过 RS232 串口与远程数据采集模块相连,通过 AT 指令控制模块实现各种语音和数据通信功能[45,46]。

4G 通信技术是第四代的移动信息系统,是在 3G 技术基础上的性能提升,相较于 3G 通信技术,它将 WLAN 技术和 3G 通信技术进行了很好的结合,使图像的传输速度更快,图像更加清晰。在智能通信设备中应用 4G 通信技术让上网速度更加迅速,可以高达 100M。4G 通信技术具有如下显著优势:首先,在图片、视频传输上能够实现原图、原视频高清传输,其传输质量与电脑画质不相上下;其次,在软件、文件、图片、音视频下载方面,其速度最高可达到每秒几十兆,这种快捷的下载模式能够为用户带来更佳的通信体验。

第五代移动通信技术是最新一代蜂窝移动通信技术,也是继 4G(LTE-A、WiMax)、3G(UMTS、LTE) 和 2G(GSM) 系统之后的延伸。5G 的性能目标是高数据速率、减少延迟、节省能源、降低成本、提高系统容量和实现大规模设备连接。5G 移动网络与早期的 2G、3G 和 4G 移动网络一样,是数字蜂窝网络,在这种网络中,供应商覆盖的服务区域被划分为许多被称为"蜂窝"的小地理区域。蜂窝中的所有 5G 无线设备通过无线电波与蜂窝中的本地天线阵和低功率自动收发器(发射机和接收机)进行通信。收发器从公共频率池分配频道,这些频道在地理上分离的蜂窝中可以重复使用。本地天线通过高带宽光纤或无线回程连接与电话网络和互联网连接。与现有的手机一样,当用户从一个蜂窝穿越到另一个蜂窝时,用户的移动设备将自动"切换"到新蜂窝中的天线。5G 网络的主要优势在于,一是数据传输速率远远高于以前的蜂窝网络,最高可达 10Gbps,比当前的有线互联网要快,比 4G LTE 蜂窝网络快 100 倍;二是网络延迟(更快的响应时间)低于 1ms,而 4G 为 30~70ms。由于数据传输更快,5G 网络将不仅仅为手机提供服务,而且还成为下一代物联网的关键技术,为商业、工厂提供技术服务,同时也为家庭和办公场所提供快速的数据无线接入服务[47]。

2.2 在线感知仪器的品质指标

所谓品质指标,是指表征在线感知仪器性能的参数,它是衡量仪器质量的依据,如灵敏度、分辨率和稳定性等[39,48]。

2.2.1　灵敏度

灵敏度指的是单位量或者单位浓度测试物质所产生的响应信号的变化程度,用仪器或其他指示的响应量与相应测试物质的浓度或量的比值来描述。灵敏度作为衡量仪器的一个重要指标,其在仪器搭建(尤其是电学仪器)中需特别的关注。通过研究灵敏度可以加深我们对仪器结构和原理的理解。

灵敏限是指能够引起仪表输出信号发生变化的输入信号的最小变化量。一般而言,仪器灵敏限的数值应小于其允许的绝对误差的一半。为了取得灵敏限的明确性,通常用死区来表示输入的变化。死区是输入量的变化不致引起输出量有任何可察觉的变化的有限区间。

2.2.2　测量误差

当测量环境变化过程中的各种参数时,始终包括转换一次或多次的参量形式。假设在理想的条件下,即不存在所有的影响因素,测试结果非常精确。然而,实际上并不存在这种完全理想的测试条件。仪器进行测量时必然伴随着各种各样参量形式的转换,而这些转换往往都会在一定程度上受环境的影响,并且实际环境条件会偏离设计时理想的环境,这些导致仪器的测量值都会存在一定的误差。并且,使用一段时间后造成的磨损等因素也会带来相应的测量误差。除此之外,监测元件的安装方法和位置、待测对象和仪器的使用者的熟练程度等都能够不同程度地影响到仪器的测量,从而产生误差。误差产生的原因、误差的分类和误差的处理方法等在以下将分开讨论[49]。

1. 误差的规律分类

1)系统误差

系统误差是指在相同的测定条件下,对相同大小的量进行多次测量,绝对值和符号保持不变的误差(被称为恒值误差),或当条件变化时按一定的规则(如线性函数、多项式、周期等)变化的误差(被称为变值误差)。其特点是所出现的规律性的误差是由于特定的原因引起的。一般而言,系统误差是因为监测元件中的信号转化具有一定的偏差造成的,如仪表或者刻度的零位误差,仪器所用的材料、部件或者工艺上具有缺陷,使用者不规范地使用国标方法或者具有不良的使用习惯等。由于系统误差以一定的规则的形式出现,它可以归因于具有一个或几个因素的函数,找出它的影响并对应的引入校正值就可以消除或者减少系统误差。恒值系统误差可以通过仪器仪表的调零进行消除。系统误差反映的是测量结果与真值之间稳定的偏离值,其越小则表明仪器的测量结果越准确。因此,系统误差通常用来表征仪器或测量方法的准确度。由于实际工作中,只能进行有限次数的反复测量,所以所得到的系统误差也只能是一个近似值[50]。

2)随机误差

随机误差是指相同的测量环境、人员、仪器、技术条件下进行重复测量时,每次测量所得的具有无规律变化的绝对值与符号的误差,也被称为偶然误差(或简称随差)。随机误差主要是由大量的对测量影响小的各种因素共同造成的，这些因素主要是噪声、电磁场的轻微变化，台面或者大地的轻微晃动，热波动、空气紊流、仪器部件之间的摩擦和配合间隙，测量人员无规律的感官变化等。单次测量时，随机误差的绝对值与符号无法预测。但是，当反复进行测量后，随机误差可以符合一定的统计规律。因此，运用统计规律中所呈现的随机误差分布特点，可以在一定可靠程度上估计它们的大小和测量结果。总的来说，随机误差既不能消除也不能修正，但是可以从统计理论上估计其对监测结果的影响。随机误差是测得的值和期望值之间的差，它经常用于表征测量的精度水平，随机误差越小，准确度越高。由于在实践中，测量次数不可能无限次，因此，计算出的实际随机误差只是估计的近似值。

3) 粗大误差

粗大误差指在相同条件下，重复测量相同的值产生具有明显偏差的测量结果的误差。粗大误差是由于测量条件的超常变化、人为疏忽或操作不当等引起的。包含粗大误差的测量结果称为坏值。所有的坏值都应该被去除，正确的结果不应该包含粗大误差。但是坏值并不能由主观判断随意选取，必须科学地判断后再对其进行去除。

2. 误差的分析方法分类

(1) 绝对误差(ΔX)：仪器仪表显示的值 X 与被测量的真实值 X_t 之间的差值。它表示为：$\Delta X = X - X_t$。由于真实值是无法通过试验得到的理论值，实际的计算过程中，一般用精度较高仪器所测的标准值 X_0(约定真值)代替 X_t 进行计算，即 $\Delta X = X - X_0$。在仪器使用量程内，各点读数的绝对误差之间的最大值称为最大绝对误差($\Delta X_{\max}$)。

(2) 相对误差(δ)：仪器绝对误差和约定真值之间的比值：$\delta = \Delta X / X_0 \times 100\%$。在一般的监测中真实值不宜过小，所以通常用引用误差替代相对误差。

(3) 引用误差：仪器的绝对误差与其量程的比值。

(4) 仪器基本误差：仪器测量范围内各个测量值中的最大绝对误差值。

(5) 仪表满刻度相对误差：仪器基本误差与其量程的比值。

3. 误差的工作条件分类

1) 基本误差

基本误差，也被称为固有误差，仪器的基本误差指的是仪器在指定操作条件(即标准工作条件)下的最大误差，通常基本误差也是该仪器的允许误差。任何仪器都有基本误差，只不过大小不同而已。

2) 附加误差

附加误差是指由于非标准条件使测量结果中所增加的误差。

3) 静态(稳态)误差

静态误差是自动控制系统在输出响应过渡过程之后的控制精度的度量。其中，在该过渡之后的变化状态也称为稳态，因此静态误差也称为稳态误差。简单而言，静态误差是所期望的稳定输出值与实际稳态输出值之间的差值。静态误差可以衡量系统的控制精度，控制精度越高的控制系统的静态误差越小。因此，静态误差常常用来评价控制系统的好坏。

所以，在兼顾其他性能的同时，将一个控制系统的静态误差尽可能地降低或者小于某个可以接受的限值是控制系统设计的亘古不变的课题之一。根据产生误差的原因，静态误差可以分为原理性误差和实际性误差：①原理性误差是在跟踪输出的期望值和外界扰动作用的影响下，控制系统在原理上不可避免地存在的一种静态误差。当系统存在原理性误差时可称为有静差系统，反之称为无静差系统。系统组成中是否有积分环节决定着原理性误差能否被消除。②实际性误差是由系统中摩擦和间隙等组成部件中不完善的因素造成的静态误差。实际中，只能通过使用高精密零件或提高系统的增益值等手段减小实际性误差，并不能完全消除。

　　4) 动态误差

　　通常情况下，动态误差都是在假设系统满足线性性与时不变性(即线性定常系统)情况下讨论的概念。与静态误差的区别在于动态误差函数的变量是时间，其能反映稳态时系统控制的误差与时间的函数。如果系统输入的 $r(t)$ 对时间 t 的各阶导数都存在，分别用 $r(t)$，$r'(t)\cdots$ 表示，则该动态误差 $e_s(t)$ 可以表示为

$$e_s(t) = C_0 r(t) + C_1 r'(t) + \frac{1}{2} C_2 r''(t) + \cdots \quad (t \to \infty) \tag{2.1}$$

其中，$C_0 \sim C_n$ 是常数。

2.2.3　分辨率

　　常容易与灵敏度混淆的是分辨率。它是仪器输出能响应和分辨的最小输入量，又称仪器灵敏限。分辨率是仪器灵敏度的反映，一般说来，灵敏度高，其分辨率同样也高。因此实际中主要希望提高仪表的灵敏度，从而保证其分辨率较高。在由多个部分组成的测量或控制系统中，灵敏度可被递送。例如，前后连接的仪器系统，其总灵敏度是仪器灵敏度的乘积。灵敏度表达式为：灵敏度增量＝$\triangle Y/\triangle U$，$\triangle U$ 为被测量真实变化的数值，$\triangle Y$ 为由于被测量变化所引起的仪器测量数值的变化量。灵敏度的实质等同于仪器的放大倍数。只是由于 U 和 Y 都具有具体量纲，所以灵敏度也有量纲，且由 U 和 Y 确定。然而，放大倍数没有量纲。所以灵敏度的含义比放大倍数要广泛得多[44]。

2.2.4　响应时间

　　响应时间指的是仪器用来测量时，从测量动作开始到仪表指示最终准确显示出测量值的时间。通常，响应时间的存在是仪器的惯性导致的，仪器的显示值的变化总要滞后于被测参数的变化。在系统设计和仪器搭建中，响应时间是反映仪器能否尽快做出响应的质量指标，并且其长短与仪器的动态性能呈正相关关系。因此，为了保证测量结果的准确性，对不同响应时间的仪器仪表的选择需要根据需求而确定，如测量参数变化快且动作频繁的场合下不适宜用响应时间过长的仪器仪表。

2.2.5　稳定性

稳定性是指测量仪器随时间变化维持计量特性的能力。换句话说，稳定性衡量测量仪器计量特性不随时间变化的能力。稳定度用来表示时间稳定性，即一段时间内指示值的随机变化量的大小。由于条件变化所带来的影响可用线性误差表示，例如，环境温度的影响应该用每 $1℃$ 的温度变化时仪器的测试值变化量的大小表示。仪器稳定性指数是选择仪器时不可忽略的一个重要因素。因此，在测量精度满足需求的前提下，应选择具有较高稳定性的仪器。

2.2.6　变差

变差又称回差，是指仪表在上行程和下行程的测量过程中，同一被测变量所指示的两个结果之间的偏差，即仪表在规定的使用条件下，从上、下行程方向测量同一参数，两次测量值的差与仪表量程之比的百分数就是仪表的变差。变差既可能是由于随机因素，也可能是由于试验条件的改变而引起的。如果是前者引起的，则属于试验误差，反映了测定结果的精密度。如果是后者引起的则属于因素效应，反映了测定条件对测定结果的影响。变差大小可用偏差平方和表示。一般而言，仪表变差不应超过允许误差值。

2.2.7　不灵敏区

不灵敏区是指输入不能产生仪器仪表输出变化的最大输入变化范围。一般而言，我们可以在仪器的某一刻度上逐渐增加或减小输入信号直到产生输出反应(信号值增加或者减少)，然后计算产生输出反应时的输入量与开始时输入量的差，即可以得到该仪器在该刻度下的不灵敏区。

2.2.8　线性度

仪器线性度用于反映线性刻度仪器的校准曲线偏离线性的程度，其可以分为独立线性度、端基线性度和零基线性度三种。线性度误差可评价线性仪器与规定直线的一致程度，通常以仪器仪表量程的百分数的形式表示。线性度误差也分为三种：独立线性度误差、端基线性度误差和零基线性度误差。但是，一般情况下，线性度误差指代的是独立线性度误差。

2.2.9　重复性

测量仪器的测量重复性指的是相同的测量方法、观察者、测量仪器、场所与工作条件和很短的时间内，连续测量同一待测物的测量结果之间的一致程度。

2.3 采 样

采样是指利用传感器获取测量信息,用每隔一定时间的信号采样序列代替原来在时间上的连续信号,将模拟信号离散化。

2.3.1 采样频率

通俗讲,采样频率是指计算机每秒钟采集多少个信号样本。连续信号在时间(或空间)上以某种方式变化着,而采样过程则是在时间(或空间)上,以 T 为单位间隔来测量连续信号的值。T 称为采样间隔。在实际中,如果信号是时间的函数,通常他们的采样间隔都很小,一般在毫秒、微秒量级。采样过程产生一系列的数字,称为样本。样本代表了原来的信号,每一个样本都对应着测量这一样本的特定时间点,而采样间隔的倒数 $1/T$ 即为采样频率(f_s),其单位为样本/秒,即赫兹(Hz)。采样频率只能用于周期性采样的采样器,对于非周期性采样的采样器没有规则限制。通俗地讲,采样频率是指计算机单位时间采集多少个信号样本,比如声音信号,此时采样频率可以描述声音文件的音质、音调,衡量声卡、声音文件的质量标准。采样频率越高,即采的间隔时间越短,则在单位时间内计算机得到的样本数据就越多,对信号波形的表示也越精确。采样频率与原始信号频率之间有一定的关系。根据奈奎斯特理论,只有采样频率高于原始信号最高频率的 2 倍时,才能把数字信号表示的信号还原成为原来信号[51]。

2.3.2 采样定理

采样定理,又称香农采样定理、奈奎斯特采样定理,是通信与信号处理学科中的一个重要定理。采样是将一个信号(即时间或空间上的连续函数)转换成一个数值序列(即时间或空间上的离散函数)。采样定理指出,如果信号是带限的,并且采样频率高于信号带宽的两倍,那么,原来的连续信号可以从采样样本中完全重建出来。采样定理是连续时间信号(通常称为"模拟信号")和离散时间信号(通常称为"数字信号")之间的基本桥梁。采样过程所应遵循的规律,又称取样定理、抽样定理。采样定理说明采样频率与信号频谱之间的关系,是连续信号离散化的基本依据。在进行模拟/数字信号的转换过程中,当最大的采样频率大于信号中最高频率 2 倍时,采样之后的数字信号完整地保留了原始信号中的信息。一般实际应用中,保证采样频率为信号最高频率的 2.56~4 倍。如果对信号的其他约束是已知的,则当不满足采样率标准时,完美重建仍然是可能的。在某些情况下(当不满足采样率标准时),利用附加的约束允许近似重建。这些重建的保真度可以使用 Bochner 定理来验证和量化[52]。

1. 时域和频域的基本概念

在电子、控制系统和统计学科中,频域是指信号或者函数分析中与频率有关且与时间无关的部分,而时域是与频率无关而与时间有关的部分。通过一定的数学运算可以使得信号或者函数在时域与频域之间进行相互转化，例如傅里叶变换。傅里叶变换可以把时域的信号转换成在不同频率下对应的振幅和相位，从而得到信号的频谱。而傅里叶逆变换，是对傅里叶变换的逆向操作，可以把频谱的信号再转换成相应的时域信号。具体描述如下。

1) 时域

时域描述的是物理信号或者数学函数与时间之间的关系，例如，一个时域波形信号表示随时间流逝产生波形变化的信号。在离散时间的尺度下，各个离散时间上，时域中的信号或函数的数值都是已知的。在连续时间的尺度下，任何范围内时域中的信号或者函数的数值也都是已知的。在一系列离散采样点的时间间隔为 $\Delta t \leq 1/(2F)$ 的情况下，频带是 F 的连续信号 $f(t)$ 可以用这些采样值 $f(t_1)$，$f(t_1 \pm \Delta t)$，$f(t_1 \pm 2\Delta t)$ … 来表示，并且通过它们可以完全恢复原来的连续信号 $f(t)$。这是一种时域采样定理的表达方式。其另一种方式是：用 f_M 表示连续时间信号函数 $f(t)$ 的最高频率分量，$f(t)$ 的值可由一系列采样间隔小于或等于 $1/(2f_M)$ 的采样值来确定，即采样点的重复频率 $f \geq (2f_M)$。图 2.2 为模拟信号和采样样本的示意图。时域采样定理是采样误差理论、随机变量采样理论和多变量采样理论的基础。

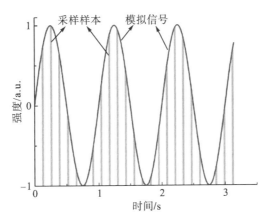

图 2.2　模拟信号采样示意图

2) 频域

频域，也就是通常说的频谱图，描述的是信号的频率结构，以及频率与该频率信号幅度的关系。在电子、控制系统和统计学科中，频域图显示的是在一定频率范围中每个给定频带上的信号。其还可以包括用于每个正弦曲线的相移的信息，以使得频率分量可被重新组装以恢复原始的时间信号。如果一个有限时间上连续的信号 $f(t)$ 的频谱是 $F(\omega)$，那么 $f(t)$（即当 $|t| > T$ 时，$T = T_2 - T_1$ 表示信号的持续时间）在频域坐标系上可以用一系列离散的采样值表示，前提是这些采样点的频率间隔 ω_i 满足奈奎斯特采样定理：$\omega_i \leq 1/(2f)$，f 为信号的最高频率。许多元件的特性会因为输入信号频率的不同而不同。例如，电容在低频率下阻抗增大而在高频下阻抗反而变小；而电感变化的规律则相反，其在低频率下阻抗减小而在高频下阻抗反而变大。

2. 时域信号的频谱分析

就信号而言，在时域信号模式上可能显示信号如何随时间变化，在频域中的信号图案

(通常被称为频谱)则可以显示信号强度随频率的分布。频谱图不仅可以显示各频率下的大小，而且还可以提取出各个频率的相位，通过加和各个频率下已知大小和相位信息的弦波可以将信号还原成原始的时域信号。在频域分析中，经常使用频谱分析仪来将实际信号转换到频域下的频谱。

1) 时域系统的频率特性

许多物理元件的特性会随着输入信号频率的不同而变化，例如，电容在低频下阻抗增大而在高频下阻抗反而变小；而电感变化的规律则相反，其在低频下的阻抗减小而在高频下阻抗反而变大。一种线性非时变系统的特性也会随频率的变化而变化，因此也有其频域下的特性，频率响应的图形即为其代表。频率响应可以理解为输入相同振幅但不同频率的信号后系统输出信号振幅的变化。因此能看出该系统的输入中不同频率的信号对输出的贡献程度。一些系统是以频域为中心的，例如，低通滤波器仅允许通过特定某一段频率的信号[53]。

2) 振幅和相位

不论对时域信号进行拉普拉斯变换、Z 变换或是傅里叶变换，其产生的频谱都是一个频率的复变函数，表示一个信号(或是系统的响应)的振幅及其相位。然而，在许多应用中，相位信息并不重要。在不考虑相位信息的情况下，只用不同频率的幅度(或功率密度)来表示频谱的信息。功率谱密度常用许多非周期且不满足平方可积性的信号来表示。只要具有一个符合广义平稳随机过程的输出信号，就可以计算出对应的功率谱密度。

2.3.3　采样过程

当测试时，选择不同的采样频率会影响测试结果的质量。采用高的采样频率可以得到更有效的结果，但是，所收集的数据量也会增大，与之伴随的是需要较多的存储空间与较高的 CPU 要求，进而导致有效信号的存储受限或增加后续的数据处理时间和复杂程度。不过，如果采样频率太低，那么整个测试可能没有任何价值。采样的基本过程是：采样的信号产生后，对信号进行模数转换，并捕获离散信号。该过程可视为由某个被测量 $U(t)$ 和对应的周期采样信号 $UT(t)$ 的乘积所得的结果。输出的信号要经过采样保持、单元保持，并通过模数转换器量化后才能转变为数字输出信号。显然，当采样间隔变短时，信号输出将更接近于原始输入信号。

对于不满足上述条件的样品，将信号的采样频率重叠，高于采样频率一半将是频率成分低于采样频率的一半的重构信号。这种重叠的结果被称为混叠，因为这两个信号具有相同的取样值。采样频率是完全正弦信号的进一步混合，成为具有相同频率的折叠波形。通常，可以采用两个措施避免混叠的出现。第一种方法是增加取样频率，从而达到两倍以上的最高信号频率；第二种方法是引入低通滤波器或改善参数的低通滤波器。低通滤波器通常被称为抗混叠滤波器。抗混叠滤波器可以限制信号的带宽，使得采样条件被满足。从理论上讲，这是可能的，但在现实中是不可能的。由于过滤器不能完全过滤高于奈奎斯特频率的信号，所以总有采样定理的带宽要求之外的一些"小"能量被忽略。然而，这些抗混叠滤波器也能够采集充分小的能量，从而使其可以被完美采集。

第3章 在线感知的指标

我国现行的《地表水环境质量标准》(GB 3838-2002)规定了109项监测指标，是一个综合性标准。此标准依据地表水域使用功能和保护目标，对自然保护区、饮用水源地、渔业、工业和农业等用水水域5类功能区，按照高功能区高要求、低功能区低要求的原则，分别赋予I～V类的水质标准。该标准现已成为我国水环境监督管理的核心与依据，在我国的水环境保护执法和管理工作中发挥着不可替代的作用。

在水生态环境监测过程中，需要监测的指标可分为水质、水生态、水文和气象4大类。综合考虑《地表水环境质量标准》(GB 3838-2002)中规定的指标以及影响水生态环境的其他指标，下面分别就其中23个与水生态环境发展变化密切相关且具备实现实时监测功能的指标进行介绍[54,55]。

3.1 水 质 指 标

3.1.1 pH

pH对水质、水生生物和鱼类有重要影响。一般要求pH在7.5～8.5，呈微碱性，这样对鱼类和其他水生生物有利，对水环境有利。

当pH上下波动时，会影响水中胶体的带电状态，导致胶体对水中一些离子的吸附或释放，从而影响池水有效养分的含量和施无机肥的效果。如pH低，磷肥易于永久性失效；磷肥过高，暂时性失效。pH越高，氨的比例越大，毒性越强；pH越低，硫化物大多变成硫化氢而极具毒性；pH过低，细菌和大多数藻类及浮游动物受到影响，硝化过程被抑制，光合作用减弱，水体物质循环强度下降；pH过高或过低都会使鱼类新陈代谢低落，血液对氧的亲和力下降(酸性)，摄食量减少，消化率低，生长受到抑制。鱼卵孵化时，pH过高(10左右)，卵膜和胚体可自动解体；过低(6.5左右)胚胎大多为畸形。

自然水体对pH有缓冲作用，一般比较稳定。在池塘精养和特殊条件下，pH有不同程度波动或大的改变。如池塘淤泥深厚，水体缺氧，pH常常偏低或过低；夏季天气晴朗，光照强，浮游植物量大，光合作用强，在短时内，pH升得很高；水体受到不同性质、不同程度污染，造成pH过高或过低等。

自然界中存在的水可以分解成氢离子(H^+)和氢氧根离子(OH^-)，氢离子的浓度是化学反应或生物化学反应中的一项重要因素。在包括人类活动本身在内的一切生物反应中，水体pH都起着十分重要的作用。水体的酸碱中和、软化、沉淀、混凝、消毒和防腐等自然和人为生产生活过程都与pH有关。pH还用于碱度和二氧化碳(CO_2)的测量以及其他酸碱平衡反应。在给定的温度下，用pH或氢离子活度来表征溶液酸碱性的强弱。

水离解会产生微量的氢离子，其浓度为 10^{-7}mol/L。产生的氢离子和氢氧根离子遵循以下守恒方程

$$H_2O \longleftrightarrow H^+ + OH^- \tag{3.1}$$

水的酸性强度，用氢离子浓度的负对数表示，即 pH 为

$$pH = -\lg[H^+] \tag{3.2}$$

测定 pH 的方法有多种，包括指示剂法、氢电极法和玻璃电极法等。其中，玻璃电极法是目前应用最为广泛的一种方法。一般用直接读数的 pH 测定仪来完成 pH 的测量。把玻璃电极和干汞电极同时浸入溶液中可以测量水中氢离子浓度，再用预先配制好的标准溶液对 pH 计进行校准即可。

3.1.2 氧化还原电位

对于一个水体来说，往往存在多种氧化还原电位，构成复杂的氧化还原体系。而其氧化还原电位是多种氧化物质与还原物质发生氧化还原反应的综合结果。这一指标虽然不能作为某种氧化物质与还原物质浓度的指标，但有助于了解水体的电化学特征，分析水体的性质，是一项综合性指标。

在既有氧化作用又有还原作用的溶液中，若插入具有铂类化学性质稳定的惰性金属电极，金属表面便会与溶液之间产生电子交换，电极与溶液之间会逐渐产生电势。随着电子交换的程度逐渐加深最后达到平衡。此时，这一电势即称为氧化还原电位。

最简单的氧化还原体系是由单一物质的氧化态 Ox 及还原态配 Red 组成。此时的氧化还原反应用式可表示为

$$Red \longleftrightarrow Ox + ne \tag{3.3}$$

当 Ox 和 Red 的浓度分别为[Ox]和[Red]时，其氧化还原电位可用奈恩斯特方程式表示：

$$E = E_0 + \frac{RT}{nF}\ln\frac{[Ox]}{[Red]} \tag{3.4}$$

式中，E_0 为标准氧化还原电位（[Ox]=[Red]时的氧化还原电位）；n 为参加反应的电子数；R 为气体常数；T 为热力学温度；F 为法拉第常数。

常用的测定方法是在监测溶液中放入铂等贵重金属电极和参比电极，测定两个电极间的直流电势差，即可求得溶液的氧化还原电位。目前使用内阻极高的玻璃电极，由于测定 pH 的技术已经相当成熟，因而可以很容易地测出氧化还原电位。借助 pH 计使用的贵重金属指示电极和参比电极，就可完成氧化还原电位的监测。

3.1.3 电导率

电导率表示水溶液传导电流的能力，与水中矿物质含量有密切的关系，可用于检测水中溶解性矿物质浓度的变化并估计水中离子化合物的数量。水的电导率与其所含电解质的量有一定的关系，在一定浓度范围内离子的浓度越大，所带的电荷越多，电导率也就越大，因此，该指标可间接推测水中离子的总浓度或含盐量。

电导率是一个基本的电解质液电化学参数，常用于水溶液的质量检测。电解质在水中会溶解成为正离子和负离子，正、负离子与水作用会形成水化离子，也会生成新的物质，溶液导电能力的强弱是溶液中所有离子共同作用的结果。水溶液的导电机理与金属导体的机理不同，所以电导率的测量方法也有所差异。

溶液的导电能力由离子在电场作用下的迁移速度决定，不同的离子迁移速度各有差异。离子是电解质在溶液中电离产生的，不同电解质的导电能力有所不同。在一定的电场作用下，溶液中离子所带的电荷越多，离子半径越小，受到外加电场的作用力就越大，离子的运动速度就越快，导电能力就会越强，因而电导率就越大。

电导率测量根据传感器原理和方法的不同，有电极式、电磁式和超声波式三种；按激励的性质来分，有直流激励与交流激励两种；从电极的位置来分，又有电桥法、电阻分压法、频率法等。电极式传感器经历了传统的两电极、三电极、四电极和多电极的发展历程。两电极型电导率传感器由一对电极板组成，测量时在两极板上施加激励电压，在液体中具有导电性的两个极板间就会有电流通过，该电流的大小与该溶液对电流的阻碍作用有关，并且符合欧姆定律。利用欧姆定律可以求得该溶液的等效电阻，从而实现电导率的测量。为了减小两电极测量的误差，在两电极型基础上，四电极、六电极、七电极、八电极传感器也相继得到了开发。

3.1.4　浊度

浊度表示水对光的吸收和散射的程度，用于表征水的光学性质，表示水中悬浮物和胶体物对光线透过时所产生的阻碍程度。浊度一般是由水中泥土、粉砂、微细的有机物和无机物，可溶的有色有机化合物，浮游生物和其他微生物等悬浮物质共同影响的。水的浊度不仅与水中悬浮物质的含量有关，而且与它们的大小、形状及折射系数等有关。

常用 NTU 来表示浊度的测量单位。1L 纯净水中含有 1mg 二氧化硅所构成的浊度称为一个标准浊度单位。液体越浑浊，它的浊度就越高。现今浊度分析惯用散射比浊测定法[56]。

3.1.5　溶解氧

溶解在水中的分子态氧称为溶解氧。溶解氧的含量与水温、大气压力以及水中含盐量关系密切。

水中溶解氧的浓度是衡量水污染程度的重要指标之一。通常情况下，水体中鱼类等水生生物需要溶解氧，微生物的呼吸作用又会消耗溶解氧。此外，存在于水中的硫化物、亚铁离子、亚硫离子等还原性物质以及好氧菌分解有机污染物质时也要消耗氧。因此，若河流、湖泊、海水等水体受污染时，其所含溶解氧量将逐渐减少。

测定溶解氧的标准方法有文克勒(Winker)法以及依据此法改良的碘量法。所用的化学药剂是硫酸锰溶液、碱性碘化钾、浓硫酸、淀粉指示剂和硫代硫酸钠滴定标准液。碘量法适用于手工测定。由于隔膜电极法的研制成功，使得溶解氧的自动连续测定得以实现，制成的水质监测仪器被广泛使用。

3.1.6 水温

水温一般指水的温度，是太阳辐射、长波有效辐射、水面与大气的热量交换、水面蒸发、水体水力及水体地质地貌特征、补给水源等因素综合作用的热效应结果。

从热平衡的观点看，水温可以作为水体内部分子无规则热运动剧烈程度的标志。水温越高，说明该水体内部分子平均动能大，运动越剧烈；反之，温度低的水体其内部分子的平均动能小。

现在，经验温标常用华氏温标或者摄氏温标表示，尤以摄氏温标较为普遍。在标准大气压下(101.325kPa)，水的冰点规定为 0℃，水的沸点规定为 100℃。摄氏温度和华氏温度之间的关系为

$$T=t+32 \tag{3.5}$$

式中，T 为华氏温度值，℉；t 为摄氏温度值，℃ 。

水温的测量方式大致包括热膨胀式、热电阻式、热电偶式的接触式测温方式，以及采用光纤和红外等方式的非接触式测温方式。

3.1.7 化学需氧量

化学需氧量(chemical oxygen demand，COD)是环境水质标准及污水、废水排放标准中重要的控制项目之一。一般是在恒定条件下，利用化合物的氧化能力及氧化速度间接求得水中污染物质的含量，即根据消耗的化合物的量，求得其化学需氧量。

测量 COD 所使用的化合物通常为高锰酸钾或者重铬酸钾之类氧化能力强、氧化速度快的物质。利用这种氧化反应的试验方法，需要一定的氧化条件，包括使用的试样容量，所用化合物的种类和数量，加热的方法、温度、时间、容器形状等。进行 COD 测定时，对氧化的液体特性和反应重点的确定、数据的表示方法等，均有所规定。

COD 的具体测量过程如下：在烧瓶中放置一定体积的水样，投加一定量的重铬酸钾溶液、硫酸、硫酸银。混合液加热回流 2h。在酸性条件下，大多数有机物被氧化，可表示为

$$\text{有机物} + \text{Cr}_2\text{O}_7^{2-} + \text{H}^+ \xrightarrow{\text{加热,Ag}^+} \text{CO}_2 + \text{H}_2\text{O} + 2\text{Cr}^{3+} \tag{3.6}$$

混合液冷却后(蒸馏瓶上浓缩液已经被冲洗下来)用去离子水稀释，然后用标准硫酸亚铁铵滴定，用亚铁灵作为指示剂。亚铁离子与重铬酸钾离子反应，滴定终点是溶液的颜色由蓝绿色变为红棕色。

$$6\text{Fe}^{2+} + \text{Cr}_2\text{O}_7^{2-} + 14\text{H}^+ \longrightarrow 6\text{Fe}^{3+} + 2\text{Cr}^{3+} + 7\text{H}_2\text{O} \tag{3.7}$$

在测量样品 COD 的同时，以蒸馏水做全程空白试验。空白试验的目的是消除药剂中额外有机污染物产生的误差。按照式(3.8)计算 COD。

$$\text{COD} = \frac{V_{\text{空白}} - V_{\text{样品}}}{V_{\text{样品}}} \times \text{硫酸亚铁铵的浓度} \times 8000 \tag{3.8}$$

式中，$V_{\text{空白}}$、$V_{\text{样品}}$ 为滴定液体积，mL；$V_{\text{样品}}$ 为样品体积，mL。

　　化学需氧量测定的标准方法以我国标准《水质　化学需氧量的测定　重铬酸盐法》(HJ 828-2017)和国际标准《水质　化学需氧量的测定》(ISO6060)为代表,该方法氧化率高、重复性好、结果可靠,成为国际社会普遍公认的经典标准方法。COD 的自动监测方法,根据氧化性物质的种类而有所不同。当前的发展趋势是以重铬酸钾法为主。

3.1.8　生化需氧量

　　生化需氧量(biochemical oxygen demand,BOD)是环境水质标准和污水、废水排放标准中的重要控制项目,是非常重要的有机性水质污染指标之一。BOD 的一般定义是指在20℃时,微生物在好氧条件下,氧化废水中有机物所消耗的氧的量。用于环境标准和地表水、工业废水、生活污水排放标准的 BOD 测定法,在国标《水质　五日生化需氧量(BOD$_5$)的测定　稀释与接种法》(HJ 505-2009)中规定为:通常情况下,将水样充满完全密闭的溶解氧瓶中,在(20±1)℃的暗处培养 5d±4h 或(2+5)d±4h [先在 0~4℃的暗处培养 2d,接着在(20±1)℃的暗处培养 5d,即培养(2+5)d],分别测定培养前后水样中溶解氧的质量浓度,由培养前后溶解氧的质量浓度之差,计算每升样品消耗的溶解氧量,以 BOD$_5$ 形式表示。BOD 值的单位用 ppm 或 mg/L 表示。其值越高说明水中有机污染物质越多,污染也就越严重。

3.1.9　总有机碳

　　总有机碳(total organic carbon,TOC)指溶解或悬浮在水中有机物的含碳量(以质量浓度表示),是以含碳量表示水体中有机物总量的综合指标。碳是一切有机物的共同成分,是组成有机物的主要元素,水体的 TOC 值越高,说明水体中有机物含量越高,因此,TOC可以作为评价水质有机污染的指标。

　　TOC 是把水体中所含有机物质里面的碳转化为二氧化碳后加以测定的。为了测定有机碳的含量,必须将有机物分子断链为单碳,并转化为可以定量监测的单分子形式。一般通过加热、紫外辐射或化学氧化这几种互相结合在一起的方式将有机碳转化为二氧化碳(CO_2)。CO_2 含量的检测一般使用非分散红外分析仪,或者将 CO_2 还原为甲烷,然后使用带有火焰离子监测器的气相色谱分析。样品中游离的 CO_2 可以用化学法滴定测定。水样中的无机碳必须在监测前除去,因为其含量较大,影响 TOC 的测量结果。一般 TOC 的测定是通过测定总碳和总无机碳来实现。

　　TOC 自动测量仪可用于测量构成有机物的碳、氢、硫、磷等元素在燃烧过程中所消耗的氧的浓度。TOC 自动测量仪是根据试样燃烧,测量消耗氧气浓度方式进行的。在含有一定浓度氧气的载气中,往不断流动的燃烧管里注入一定量的试样,使被氧化物质燃烧氧化,用氧气监测仪测量载气中的氧气浓度的减少量,即为试样的氧消耗总量。

3.1.10　总氮

　　氮的存在形式有有机氮、氨氮、硝酸氮、亚硝酸氮和氮气。总氮(total nitrogen,TN)

是有机氮与无机氮之和，无机氮包括氨氮、亚硝酸盐氮、硝酸盐氮。总氮在水中的浓度高于任何一种单一形式的氮。水体中有机氮部分要经过紫外消解或高温消解成为无机氮才能测量。总氮含量可表征水体的营养化状态及污染程度。

我国《地表水环境质量标准》(GB 3838-2002)中总氮的标准值范围是 0.04~1.2mg/L。总氮的试验分析方法通常是碱性过硫酸钾消解-紫外分光光度法。目前，总氮在线自动分析的方法主要有过硫酸盐消解-分光光度法和密闭燃烧氧化-化学发光分析法。

3.1.11　氨氮

氨氮(ammonia nitrogen，NH_4^+)是污水中氮最主要的存在形式。氨氮在水中可被转化成硝酸盐和亚硝酸盐时，消耗水中的溶解氧。因此，氨氮是水环境中的主要污染物之一。

氨氮的实验室标准分析方法是蒸馏滴定法。该方法利用游离氨和铵离子之间的动态平衡，蒸馏过程中氨气随水流出，投加缓冲溶液增加 pH，使化学反应平衡向右移动，如式(3.9)：

$$NH_4^+ \xleftrightarrow[\text{酸}]{\text{碱}} NH_3 \uparrow + H^+ \tag{3.9}$$

通过蒸馏混合液，去除水蒸气和游离氨。含游离氨的水蒸气浓缩收集在硼酸吸收液当中。在吸收液中，化学平衡向左移动。消耗的硼酸的量能间接地反映出样品中氨氮的含量。通过用标准酸溶液反滴定即可测定硼酸的消耗量。

氨氮传感器在采用氨气敏电极测量时，可将氨氮在碱性条件下转化为氨气，氨选择性电极用于监测氨气含量。测量范围在 0.1~1000mg/L，响应时间一般小于 5min。在使用色度电极进行测量时，可以测量样品中的颜色。将铵离子转化为氨氮，形成黄色化合物，用比色法测定。还可以生成蓝色沉淀，用比色法测定，测量范围在 0.1~1000mg/L，响应时间一般在 5~20min。

3.1.12　总磷

总磷(total phosphorus，TP)包括溶解态的磷、颗粒状的磷、有机磷和无机磷。在有关的水质标准中，我国规定地表水总磷的环境标准值范围为 0.002~0.2mg/L，污水为 0.1~100mg/L。目前，总磷的实验室分析方法为过硫酸钾(或硝酸-高氯酸)消解-钼酸铵分光光度法(也称为"钼锑抗分光光度法"或"磷钼蓝法")，该方法使用高浓度硫酸或者硝酸将水样中包括有机磷在内的所有形式的磷都转化为正磷酸盐。最后测定消解液中正磷酸盐的含量，从而就得到总磷的含量。

水样中磷的形态按照物理法可分为溶解态的磷和颗粒状的磷。对溶解态的磷和颗粒状的磷进行全分析，包括分析其正磷含量、水解磷含量以及总磷含量。测量溶解磷中各种磷的含量，将其从总磷中减去，就得到了颗粒态磷中各种磷的含量。

目前，总磷在线自动分析仪的主要类型有过硫酸盐消解-光度法、紫外线照射-钼催化加热消解、FIA-光度法。

3.2　水　生　态

水生态是指水环境因子对生物的影响和生物对各种水分条件的适应。生命起源于水中，水又是一切生物的重要组分。生物体不断地与环境进行水分交换，环境中水的质(盐度)和量是决定生物分布、种的组成和数量及其生活方式的重要因素。

3.2.1　叶绿素 a

叶绿素 a 是一种由叶绿酸与甲醇和叶绿醇形成的复杂酯，因此可以与碱反应生成醇和叶绿酸的盐。叶绿素可以溶于水中。在叶绿素中，叶绿素 a 是负责光合作用的主要色素。叶绿素 b、叶绿素 c、叶绿素 d 和类胡萝卜素、藻胆色素等都作为辅助色素，在接受光照的能量后，高效率地将光能传递给叶绿素 a。叶绿素 a 是水生态系统的一个重要参数。通常由叶绿素 a 的含量可推算出水中浮游植物生物量或现存量，这也是计算初级生产力的基础。

水中叶绿素的含量与水生植物有着密切关系，其分布和变化与水域环境理化因子有一定的相关性。因此，准确、灵敏地测定叶绿素的含量，有利于渔业和养殖业的发展以及水域生态环境的保护。

叶绿素 a 的测定方法主要有分光光度法和荧光分析法。由于分光光度法存在灵敏度较差和易受其他色素干扰的问题，目前对叶绿素 a 进行自动监测时多用荧光法。

3.2.2　微囊藻毒素

淡水水体富营养化容易导致藻类特别是蓝藻异常繁殖生长而出现蓝藻水华现象。蓝藻水华能释放出藻毒素，通过饮用水源和食物链影响人类的健康，其中微囊藻毒素(microcystin，MC)是毒性最强、危害最严重的藻毒素种类。它的主要靶器官是肝脏，MC进入肝细胞后，能强烈地抑制蛋白磷酸酶的活性，破坏肝脏血管系统，同时它还是很强的肿瘤促进剂。我国现颁布执行的《生活饮用水卫生规范》(GB 5749-2006)和《地表水环境质量标准》(GB 3838-2002)都包含了微囊藻毒素的检测项目，要求水体中微囊藻毒素-LR的检测限不能超过 0.001mg/L。世界卫生组织(WHO)在其推荐的《饮用水国际准则》(第二版)中也增加了微囊藻毒素等指标。

微囊藻毒素是一组环状七肽，具有水溶性和耐热性，在水中的溶解性大于 1g/L，化学性质相当稳定，加热煮沸都不能将毒素破坏，也不能将其去除。目前，大多数藻毒素的检测使用高效液相色谱-质谱(HPLC-MS)或气相色谱-质谱(GC-MS)联用技术进行。

3.2.3　生物综合毒性

传统的水质安全评价主要是通过测试水体的一些物理化学指标，包括单一指标(如砷、镉、铬、铅、锌等)和综合指标(如总有机碳、化学需氧量、生化需氧量等)，并与水质标准进行比对。由于排入环境水体中污染物种类繁多，同时每种污染物往往具有多种生物效应，所以传统方法中利用单一指标判断水质安全存在一定不足。

生物综合毒性测试是基于生态毒理学发展起来的监测方法。生物综合毒性测试不仅能监测单一污染物的负面生物效应，也能监测水样中共存的众多污染物的综合生物效应，是水质安全评价的一种综合方法。生物监测技术主要采集受污染水体中指示生物的形态、生理和生化变化的信息指标来有效反映水质污染程度，包括蚤类毒性试验、藻类毒性试验、鱼类毒性试验、微生物毒性试验等。由于发光菌生命周期短、种群数量大、培养简单，发光细菌毒性试验已经成为微生物毒性试验中应用最为广泛的综合毒性监测方法。

3.2.4 藻细胞

藻类细胞个体微小，没有根、茎和叶的分化，在水体中漂浮生活，很难占据稳定的生态位，只能以种群的形式在时间和空间水平上呈现出多样性。同时，藻类作为水体生态系统中极为重要的初级生产者，对水体生态系统中的物质循环和能量流动具有重要作用。水华的形成是一个非常复杂的过程，受诸多因子的影响，除营养条件和水文气象环境之外，还与水华藻类自身长期进化过程中形成的适应性结构和功能有着重要联系。

藻细胞密度的观测，可为研究藻类水华的成因和诱发因子提供充分的依据。通常使用流式细胞仪，通过使用激光照射样品，样品中细胞对入射激光产生折射和反射，这部分折射和反射信号被记录下来并被识别和计数。

3.2.5 二氧化碳

水库产生的温室气体，主要指二氧化碳气体(carbon dioxide，CO_2)，常通过三种方式产生：①大坝的建设；②上游输入的外源性有机质及自生有机质的降解；③淹没区植被的缓慢降解释放。水库建成后，水动力条件明显减弱，水体透明度得到增加。水体光合作用也因此加强，同时大量吸收水体中溶解的二氧化碳。水气界面二氧化碳速率变化的研究，对探讨水库温室气体释放的现状、解释水库作为大气中二氧化碳"源"或者"汇"的问题具有重要作用。

目前，二氧化碳气体传感器主要的监测方式有电化学式、陶瓷式、电容式和红外吸收式。电化学式和陶瓷式传感器在使用过程中需要经常校准。电容式传感器监测低浓度二氧化碳时易受其他气体影响。红外吸收传感器是利用二氧化碳吸收波长 4.26μm 红外线的物理特征来有选择地准确测量二氧化碳的分压，吸收关系服从朗伯-比耳定律。现在多采用红外吸收式传感器进行二氧化碳的监测。

3.3 水 文 指 标

水文指的是自然界中水的变化、运动等各种现象，现在一般指研究地球上水的形式、循环、时空分布、化学和物理性质以及水与环境的相互关系。水文与水质和水生态紧密关联。

3.3.1　水深

水深是水体的自由断面到其河床面的垂直距离。水深测量是水文研究领域的一项重要内容。水深测量技术是基于水深敏感元件在水深发生变化时，把相应的能够表示水深变化且易于监测的物理量变化值监测出来。目前，对水深测量的研究已经多种多样，测深杆、压力式测深、声学多普勒测深、激光测深、电磁测深等都是普遍使用的测深手段。而其中，探测水深的监测设备以使用声学多普勒技术为主。

3.3.2　流速

流速是指流动的液体在单位时间内所经过的距离，常用单位是 m/s。渠道和河道里的水流各点的流速并不相同。靠近河底、河岸处的流速较小，河中心近水面处的流速则较大。通常而言，用横断面平均流速来表示该断面水流的速度。多普勒效应利用声源与观测者之间存在的相对运动，使观测者接收到的声波频率不同于声源所发出的声波频率来进行测量。观测者与声源拉近时，波长变短、频率变高；观测者与声源远离时，波长变长、频率变低。自然河流的水体中存在大量的如浮游生物及泥沙之类的散射体。这些散射体和水体融为一体，并随河水流动，其速度即可代表水流速度。通过向水中发射超声波，经过水中散射体对超声波进行散射后，探测散射回波信号频率和散射体的速度，通过利用探测超声波回波的方式，就可监测水流速度。

3.4　气　象　指　标

3.4.1　风速

风是由许多在时间和空间上都随机变化的小尺度脉动叠加在大尺度规则气流上的一种三维矢量。气象学上的风定义为空气的水平运动。风速则指空气相对于地球某一固定地点的运动速率，常用单位是 m/s。

风速是风力等级划分的依据。一般来讲，风速越大，风力等级越高，风的破坏性就越大。风速测量的仪器，一般有风杯风速计、螺旋桨式风速计以及超声波风速计。风杯风速计和螺旋桨式风速计均利用风力作用下带动风杯或者螺旋桨绕轴转动，其转速正比于风速的定率。通过风杯或者螺旋桨转动用电触点、测速发电机或光电计数器等记录。超声波风速计则利用超声波的原理来测量风速大小，主要有频差法、相位差法、多普勒法以及时差法等。

3.4.2　风向

风向指风吹来的方向。若风来自北方，则称作北风；若风来自南方，则称作南风。风向的测量单位可用角度来表示。把圆周分成 360°，北风(N)是 0°（即 360°），东风(E)是

90°，南风(S)是180°，西风(W)是270°，其余的风向都可以由此计算出来。

风向标是测定风向的主要仪器。它一般安装在离地面 10～12m 的地方。安装风向标时，指北的短棒要正对北方。风向箭头指的方向表示当时风的方向。此外，超声波传感器时差法也可用于风向的测量。

3.4.3　气温

空气冷热程度的物理量称为空气温度，简称气温。国际上标准气温度量单位是摄氏度(℃)。气温的差异是造成环境差异的主要因素之一，与人类的生产和生活关系非常密切。

对气温的测定，传统的方法是使用水银温度计并依靠人工读数。现在，对气温进行测量的仪器则主要采用热膨胀式、热电阻式、热电偶式的接触式测温。

3.4.4　气压

气压是作用在单位面积上的大气压力。气压是气象探测中的一个重要因素，气压测量的精度直接影响气象探测的质量。气压与人类工农业生产等各个方面息息相关。

气压传感器作为微压力传感器的一种，是将被测的压力转换为电信号实现压力测量的感应元件。气压传感器广泛用于工业、农业、气象等。目前用于气压测量的传感器根据其工作原理主要分为压阻式气压传感器和电容式气压传感器，两者的共同点都是利用外界压力作用薄膜后产生的应力效应来测量外界压力。

第4章 环境在线监测仪器

传感器技术是水生态环境在线感知设备的关键技术。由于目前国家标准中规定的大部分参数的监测方法为化学方法,因此,自动化的监测传感器大量采用化学法监测。同时,新技术的不断涌现,在丰富传感器种类的同时也提高了仪器监测效率和水平。由于水生态环境在线感知设备具有连续运行、智能分析的功能,用户可根据需要调整仪器运行状态,使水生态环境监测管理工作达到科学、经济运行的目的[57,58]。

与水生态环境关联紧密的指标有 pH、溶解氧、浊度、叶绿素、总磷、总氮、微囊藻毒素、综合毒性、风速和风向等。下面将分别对这些指标的感知设备进行介绍[59,60]。

4.1 水质感知仪器

4.1.1 pH 的监测

1. pH 的监测方法

pH 值是用来表达水体酸碱性强弱的指标,是水质监测中最常用也是最重要的指标之一。天然水体的 pH 为 6~9;饮用水的 pH 需控制在 6.5~8.5;工业用水的 pH 一般限制比较严格,如锅炉用水的 pH 必须为 7.0~8.5,以防止金属管道被腐蚀。

pH 值用氢离子浓度的负对数来表示,即 $pH = -lg[H^+]$,pH=7 时为中性。由于 pH 受水温的影响,所以在准确测定 pH 时,需要考虑温度的影响。测定 pH 的方法包括比色法、玻璃电极法、便携式 pH 计法等。下面就这 3 种方法分别进行介绍。

1)比色法

比色法利用酸碱指示剂在不同的 pH 水溶液中产生不同的颜色来测定 pH 值。在一系列已知 pH 值的标准缓冲溶液中加入适当的指示剂制成标准色列,在待测水样中加入与标准色列相同的指示剂,进行目视比色,从而确定水样的 pH 值。常用的 pH 值指示剂及其变色范围见表 4.1。

表 4.1 常用 pH 指示剂及其变色范围

指示剂	pH 范围	颜色变化	指示剂	pH 范围	颜色变化
溴酚蓝	2.8~4.6	黄~蓝紫	酚红	6.8~8.4	黄~红
甲基橙	3.1~4.4	橙红~黄	甲基红	7.2~8.8	黄~红
溴甲酚氯	3.6~5.2	黄~蓝	麝蓝(碱性)	8.0~9.6	黄~蓝
氯酚红	4.8~6.4	黄~红	酚酞	8.3~10.0	无色~红
溴甲酚紫	5.2~6.8	黄~紫	百里酚酞	9.3~10.5	无色~红

该方法适用于测定浊度和色度都很低的天然水体和饮用水的 pH 值，不适用于测定有色、浑浊或含有较高游离氯、氧化剂和还原剂的水样。在进行粗略的 pH 测定时，可以使用 pH 试纸。

2) 玻璃电极法

玻璃电极法测量 pH 的原理是将一个玻璃薄膜放入两个具有不同 pH 的溶液之间，此时玻璃薄膜的两端就会产生一个电势差，该电势差与两个溶液的 pH 之差成正比。玻璃电极法以玻璃电极为指示电极，饱和甘汞电极为参比电极，并再与被测水样组成原电池，如图 4.1 所示。

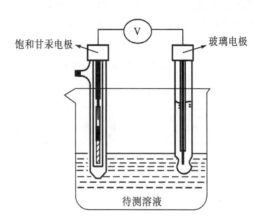

图 4.1 玻璃电极法原理图

使用玻璃电极法进行 pH 测定的仪器在使用前需要校准。校准方法是将电极插入中性的磷酸盐标准缓冲液，同时测定液体温度，调整仪器指示数值，使其与标准缓冲溶液的 pH 一致。为了提高测定的准确性，校准仪器时选用的标准缓冲溶液的 pH 值应该与水样的 pH 接近。可以用 pH 试剂估计水样的 pH，再选择接近的标准缓冲溶液。常用的 pH 标准缓冲溶液有草酸钾、酒石酸氢钾、邻苯二甲酸氢钾、四硼酸钠、氢氧化钙、磷酸盐等。

在测定水样时，先用蒸馏水清洗两个电极，再用水样冲洗，然后将电极浸入水样中，搅拌使水样 pH 均匀，待数值稳定后即可记录示数。测量结束，用蒸馏水冲洗干净电极，将电极浸泡在纯水当中。

玻璃电极法是测量 pH 最常用的方法，该方法测定准确、快速。测定的结果一般情况下不会受水体的色度、浊度、胶体物质、氧化剂还原剂以及高含盐量的影响。

3) 便携式 pH 计法

便携式 pH 电极法是由玻璃电极法发展来的，是将玻璃电极和参比电极整合在一起组成的 pH 复合电极，如图 4.2 所示。其测量原理和方法与电极法相同。由于将玻璃电极和饱和甘汞电极集成为一体，监测时仪器操作比较方便，目前大多数便携式 pH 计均采用这种方法制造。

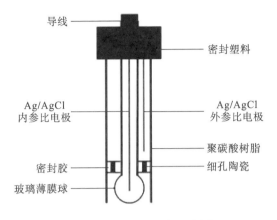

图 4.2　复合电极示意图

2. pH 在线监测仪器介绍

图 4.3(a)所示是梅特勒-托利多生产的 pH 玻璃电极，电极适用环境范围广，包含低离子浓度介质、极化溶剂等。电极膜能够产生稳定的测量信号，不受溶液搅拌产生的电位变化的影响。电极膜的巨大表面积使其不易被堵塞，也容易去除氯化银等沉淀物。该系列电极具有一个一体化玻璃套筒，该套筒牢固地固定在滴定头中，用于保持电极在不使用状态下的湿润。该系列 pH 玻璃电极输出信号为模拟电流信号，需使用如图 4.3(b)所示的 M800 变送器，将电流信号转换为数字信号，用于记录和显示测量水体的 pH 值。

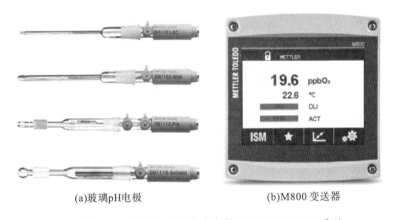

(a)玻璃pH电极　　　　　(b)M800 变送器

图 4.3　梅特勒-托利多生产的 DGi101\DGi111 系列

图 4.4 是北京昆仑海岸传感技术有限公司生产的两款 pH 电极实物图。这些 pH 指示电极用 24V 直流电压供电，可用来监测被测物中氢离子浓度并转换成 4～20mA 的电流输出信号。图 4.5 为该 pH 指示计在使用过程中的电气连接方式。由于该款设备输出可为模拟信号，故可按照图 4.5(a)进行电路接线，通过电流表显示输出电流。也可如图 4.5(b)所示，将 pH 指示计输出线由 RS-485 转 RS-232 模块转接，并通过电脑直接读取 pH 指示计输出的数字信号。用户再根据模拟信号或数字信号与 pH 值的对应关系，记录实际测量值。

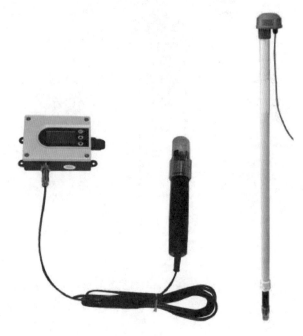

图 4.4   北京昆仑海岸传感技术有限公司生产的 JPH 系列 pH 电极及变送器

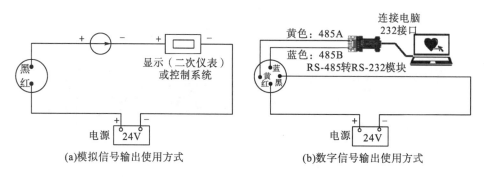

(a)模拟信号输出使用方式   (b)数字信号输出使用方式

图 4.5   pH 仪器电气连接示意图

仪器校准方面，可使用 0.05mol/kg 的邻苯二钾酸氢钾溶液，或 0.025mol/kg 的混合物磷酸盐溶液，或 0.01mol/kg 的四硼酸钠溶液配置 pH 标准缓冲液。读者可根据表 4.2 自行配置 pH 分别为 4、6.8 和 9 左右的三种标准溶液，将电极用蒸馏水清洗干净并用滤纸吸干，后插入 pH 为 4 的标准缓冲液并对仪器进行校准。依次循环，完成对 pH 为 6.8 和 9 左右的缓冲液的校准。

表 4.2   pH 标准缓冲液

温度/℃	0.05mol/kg 的邻苯二钾酸氢钾溶液	0.025mol/kg 的混合物磷酸盐溶液	0.01mol/kg 的四硼酸钠溶液
5	4.00	6.95	9.39
10	4.00	6.92	9.33
15	4.00	6.90	9.28

续表

温度/℃	0.05mol/kg 的邻苯二钾酸氢钾溶液	0.025mol/kg 的混合物磷酸盐溶液	0.01mol/kg 的四硼酸钠溶液
20	4.00	6.88	9.23
25	4.00	6.86	9.18
30	4.01	6.85	9.14
35	4.02	6.84	9.14
40	4.03	6.84	9.07
45	4.04	6.84	9.07
50	4.06	6.83	9.03
55	4.07	6.83	8.99
60	4.09	6.84	8.97

4.1.2　氧化还原电位的监测

1. 氧化还原电位的监测方法

氧化还原电位是监测水体的厌氧和缺氧状态的重要参数。在被监测溶液中放入铂等贵重金属制作的指示电极和参比电极，测定两电极间的直流电位差，即可测得溶液的氧化还原电位。现在，使用内阻极高的玻璃电极测定溶液 pH 值的技术已经成熟。因而可以借助测定 pH 值的方法，以 pH 计作为毫伏计监测贵重金属指示电极和参比电极间的电压，监测溶液中的氧化还原电位。

但是，在氧化还原电位测定中的仪器校正使用的标准液方面，目前尚未找到一种能与 pH 计校正相比较精确度高、稳定性好的标准液。一般是在电极校验时，将 300mg 氢醌粉末溶于 500mL pH 为 4 的标准液，制作成毫伏标准液。判断当将铂电极与参比电极一起浸入该标准液、检查温度为 15～30℃时，指示值是否在 210～220mV（参比电极为甘汞电极）或者 245～270mV（参比电极为氯化银电极）。若不在上述范围内，就需清洗或更换电极。这种方法要求标准液现配现用，溶解后放置 48h 以上时，标准液就不能再使用。

测定氧化还原电位的电极一般选用惰性金属，比如金、铂或镍。氧化还原电位电极封装在环氧树脂或者玻璃管中。测量氧化还原电位的电极体积和外形通常与 pH 电极和其他离子电极一样，并能用在同样的电极室中。除常规设计外，它们能制成不同的外形以适应特殊的使用要求。图 4.6 是在线氧化还原电极装置使用示意图。圆柱形传感器装置是在线测定装置的重要组成部分，包铂电极是为了节约使用的贵金属质量。毫伏计所获得的数值减去参比电极对应的 E_0 值，即可得到测量溶液的氧化还原电位。

在使用过程中，将该氧化还原电极与参比电极分别插入液体中，两电极通过毫伏计相连，两电极间的电位差由该毫伏计表示出来。将毫伏计测量获得的电位与参比电极所对应的标准电位相减，即可获得该溶液的即时氧化还原电位。

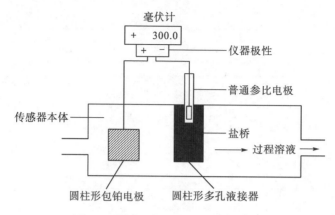

图 4.6　在线氧化还原电极装置使用示意图

2. 氧化还原电位在线监测仪器介绍

氧化还原电位仪器的电极可与 pH 电极共用，完成对氧化还原电位值的测量。图 4.7 为梅特勒–托利多公司生产的一款可填充的 pH 电极和氧化还原电极。这款电极提供了固态聚合物参比电解质，允许通过一个开放式液络部让电解质与工艺介质直接接触。这种设计几乎消除堵塞传感器的可能，避免耐用型电极产生隔膜污垢，非常适用于黏稠介质、较高颗粒物含量和含硫化物溶液。

图 4.7　梅特勒–托利多生产的 InPro 2000i SG/450/9823 pH/氧化还原电极

氧化还原电位电极不需要像 pH 电极那样使用标准液校正，但需要使用氧化还原电位标准液来检查该电极是否有效。当标准液的 pH 值为 7 时，其氧化还原电位为 86mV；当标准液的 pH 值为 4 时，其氧化还原电位为 256mV。因此，读者在检查氧化还原电位电极工作是否正常工作时，可首先用清水将电极清洗干净并用柔软巾拭干，将电极浸入准备好的毫伏标准液中，待显示稳定后，观察显示值是否接近标准液所对应的标准值。如果误差在 ±35mV 之内，则表示电极可以正常使用，否则就要更换。

4.1.3　电导率的监测

1. 电导率的监测方法

任何导体对电流的通过都有一定的阻力，这一特性在电工学中称为电阻，以 R 表示。电流 I 与导体两端的电压 V 和电阻 R 的关系可由欧姆定律给出：

$$I = \frac{V}{R} \tag{4.1}$$

在一定温度下，电阻 R 与导体几何因素的关系为

$$R = \rho \frac{l}{s} \tag{4.2}$$

式中，l 为导体长度；s 为导体截面积；ρ 为电阻率，单位是 $\Omega \cdot cm$。电阻的倒数即为电导率。

电解质溶液中的离子在外电场作用下将从无规则的随机跃迁变为定向运动，形成电流。溶液中的离子在外电场作用下，阴离子在阳极上失去电子，阳离子在阴极得到电子，使电流在溶液中不断通过。这种定向运动速度的快慢决定着溶液导电能力的大小。离子的电迁移要克服溶液中多种阻力，如阴阳离子间的作用力、液体本身黏度等。所以电解质溶液也具有电阻 R，也符合式(4.1)。

电导率测量技术主要有相敏检波法、双脉冲激励法和频率法。

1) 相敏检波法

正弦信号通过电阻时相位不变，而通过电容时会发生 90° 的相移，这是相敏检波法的依据。如图 4.8 所示，振荡器产生正弦波信号，作用于电导池两端，正弦信号将流经溶液等效电阻 R_x 和双电层电容 C_x，同时也流经引线分布电容 C_p，两路通道并联在一起。当正弦激励信号频率较高或者溶液等效电阻 R_x 很高时，正弦信号通过 C_x 的容抗就可以忽略。这时电导池就可以等效为 R_x 与 C_p 并联，正弦信号通过 R_x 相位不变，通过 C_p 的一路相位偏移 90°，因此经过电导池后，会产生两个相位相差 90° 的正弦信号。相敏检波器将通过 C_p 的电压信号转化为纯交流信号，通过 R_x 的电压信号正常整流，两者再经过低通滤波将交流信号滤除，即 C_p 的影响被去掉。根据滤波得到的直流分量只与溶液电阻有关，就可以求出溶液的电导率。

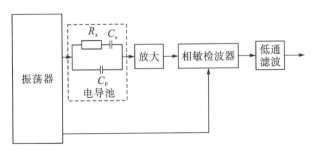

图 4.8　相敏检波法原理图

相敏检波法可以滤除引线电容的误差,但是溶液的双电层电容只有在特定的条件下才可以被忽略,因此这是相敏检波法不可避免的缺点。相敏检波器是相敏检波电路的核心器件,选择合适的相敏检波器就至关重要。

2) 双脉冲激励法

双脉冲激励法测量过程如图 4.9 所示。使用极性相反幅度一致的作用时间相同的两个脉冲激励信号,经过两个脉冲作用后电压全部加在电导池两端。双电层电容 C_x 为微法级大小,引线分布电容 C_p 为皮法级,$C_x \gg C_p$。当第一个脉冲激励时,C_x 和 C_p 正向充电,在时间 T_1 后,第二个脉冲极性反转,由于 C_x 和 C_p 正向充电,在时间 T_2 后,第二个脉冲极性反转,由于 C_p 较小很快完成放电和反向充电,C_x 较大放电时间较长。当第二个脉冲快结束的时候,C_x 完成放电,积累电荷为零,瞬间电压等于零相当于短路。C_p 充电完成后,没有电流流过相当于断路。电压全部加在 R_x 两端,测得瞬时电流与溶液电导成正比,与 C_x 和 C_p 无关,这样避免了双电层电容和引线电容的干扰。

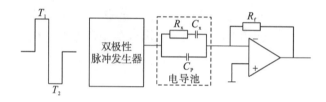

图 4.9   双脉冲激励法原理图

在普通双脉冲法基础上,采用幅度和频率动态变化的双脉冲信号,脉冲信号根据实际溶液的电导来调整参数,这样影响了测量速度,并且对脉冲信号产生源的要求比较高。

3) 频率法

频率法的原理是把电导池体系的等效阻抗作为振荡电路的电阻,振荡信号产生的频率与电阻存在一定的关系,通过测量振荡信号的频率就可以得到溶液的电阻,进而计算得到电导率。频率法测量过程如图 4.10 所示。

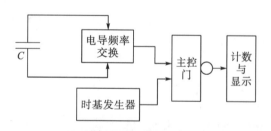

图 4.10   频率法原理图

频率信号容易实现远距离传输或光电隔离,能较好地实现高分辨率。频率法可以自动变频测量不同大小的电阻,但是将复杂的溶液体系简单地作为电阻考虑,不能去除极化效应和电容效应的影响,测量精度一般不高。

2. 电导率在线监测仪器的介绍

图 4.11 所示是梅特勒–托利多公司生产的两款数字信号输出方式的电极电导率传感器。两款仪器可测量从纯水到含盐水环境中的电导率。图 4.11(a)所示的传感器量程可从超纯水到 50000μS/cm，图 4.11(b)所示的传感器量程为 0.02～2000μS/cm，系统精确度为±1%。

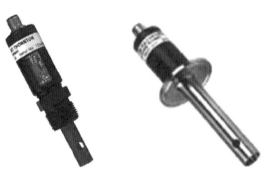

　　(a)Monel™传感器　　　　(b)不锈钢卫生型 Trl-Clamp™传感器

图 4.11　梅特勒–托利多公司生产的电极电导率传感器

图 4.12 是青岛盛海电子科技有限公司生产的数字信号输出方式的电导率传感器，使用 5～16V 直流电压供电，采样频率在 10～20Hz 可调。输出采样采用 RS-485 接口并以ASCⅡ数据格式输出。

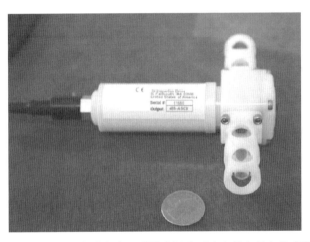

图 4.12　青岛盛海电子科技有限公司生产的电导率传感器

可根据输出信号的类型来选择电导率传感器，若输出信号为数字量，选用具有 RS-232或者 RS-485 接口的变送器或者数据采集装置连接，如图 4.13(a)所示；若输出信号为模拟量，可按图 4.13(b)进行输出信号线与数据采集器的连接，获取电导率传感器监测数值。

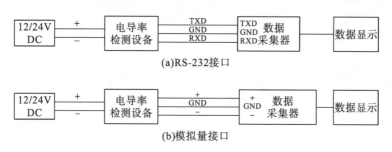

图 4.13　电导率监测设备的电气连接图

电导率传感器校准过程中，一般进行两点校准。第一个点校准时，使用电导率为 0μS/cm 的标准液，可选纯净水作为该点的标准液。第二个点校准时，可根据该电导率传感器出厂设置，选用 25℃时电导率为 1413μS/cm 或 2570μS/cm 或 12880μS/cm 的标准液进行校准。

4.1.4　浊度的监测

国标中，浊度的单位使用 NTU 来表示[56]。

1. 浊度的监测方法

目前，浊度的测定方法有 4 种，分别是透射光测定法、散射光测定法、透过-散射光比较测定法和表面散射测定法。下面介绍透射光测定法和散射光测定法。

1) 透射光测定法

从光源发出平行光束射入试样，试样中的浊质成分会使发光强度衰减。发光强度衰减程度与试样浊度的关系表示为

$$l_2 = l_1 \mathrm{e}^{-kdt} \tag{4.3}$$

式中，l_1 为射入试样的光束的发光强度；l_2 为透过试样后的光束的发光强度；k 为比例常数；d 为浊度；t 为试样透过深度。

运用散射光进行测定是一种简便的方法。进行监测时，光源和探测器分别位于样品池两侧，光束从样品池的两侧穿过。为避免脏污影响测定准确性，通常会在透射窗安装自动刷、超声波清洗器、喷射清洗器等自动清洗装置用于对样品窗口的清洗。

采用带窗试样槽测定方式的浊度计，其测定原理如图 4.14 所示。一束波长为 254nm 的平行光射入试样槽，由于试样有杂质颗粒成分而使光强度衰减，衰减后的透过光由光电管接收。同时，测定光束也周期性地被切换成比较光束。两种光束交替地由光电管接收，通过测定两种光束的光强度差可以求得试样的浊度。

采用这种方式进行浊度监测的装置通常使用旋转刷来清洗试样槽的测定窗。另外，还可以通过程序控制进行试样槽的自动清洗和零位刻度的自动校正。清洗时，先通入清水，然后由电动机带动旋转刷进行洗刷。在光系统中还可以装温度调节器，通入干燥空气以防止测定窗结露。

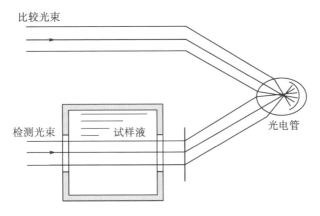

图 4.14　浊度计原理

2) 散射光测定法

光源发出的光束射入试样时，由于试样中杂质微粒的作用，会使光束发生散射。由于这种散射光的发光强度与试样中杂质微粒的量(也就是浊度)呈正比关系，所以通过测定散射光的发光强度也可以实现浊度的监测。这种方法与前述的透过光测定法一样，通常由于试样槽上有测定窗，所以测定时也会受窗面脏污的影响。

从测定的散射光和入射光的角度关系来看，可分为向前散射方式和向后散射方式两种测量方式。

向前散射方式测定原理如图 4.15 所示。从光源发出的光束射入试样，光束因水样中存在杂质微粒而被散射，光电探测器放置在光束前方 25° 左右位置，用于接收被杂质散射出的光。在参考通道，参考光束通过阻尼器衰减后再到达光电管。

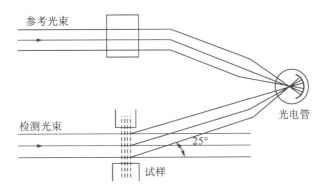

图 4.15　向前散射方式测定浊度原理图

向后散射方式测定浊度的原理如图 4.16 所示，试样在图的左侧垂直向下流动，从光源发出的光束经过透镜形成平行光束后通过后窗射到水样当中。由于水样中存在杂质微粒，将向四周散射光束。产生的向后散射光经上侧窗和透镜由监测光电管接收，并进行测定。

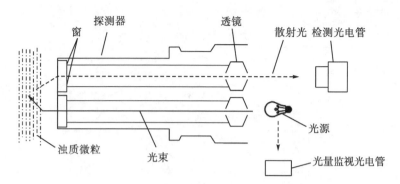

图 4.16   向后散射方式测定浊度原理图

2. 浊度在线监测传感的介绍

图 4.17 是梅特勒-托利多公司生产的两款浊度传感器。单光纤逆向散射 InPro8050 浊度传感器采用蓝宝石窗用于入射光和反射光的穿透，可测量线性范围为 10～4000NTU，可承受 2bar 的水压。逆向散射光技术再加上光缆形成了一种表面结构均匀并且未破损的传感器设计。单光纤逆向散射光技术提供宽广的线性测量范围，最高可测量 250g/L 的悬浮固体。蓝宝石套管的保护和均一、无破损的表面结构，使传感器既具有耐磨损性又可避免污染物的黏附。因此 InPro8050 能够满足光学传感器在不易污染和易于清洁方面的最严格要求。双光纤逆散射 InPro8200 浊度传感器采用 Kalrez®-FDA sapphire 密封窗，保证了在低浊度测量应用时的高测量精度，也保证了在中浊度测量应用中的线性度。逆散射式测量和光纤传输技术保证了传感器实现坚固、不易碎的表面结构设计。该款传感器可以满足恶劣环境的应用要求，特别是在希望光学传感器不易被脏物覆着并易于清洗的应用中更适用。从实验室到过程控制的无损耗传输，消除了那些需要改变测量模式带来的费用。该款传感器的测量范围是 5～4000NTU。

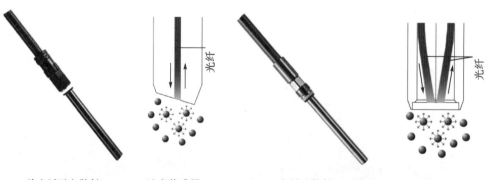

(a)单光纤逆向散射InPro8050浊度传感器   (b)双光纤逆散射InPro8200/S/Kalrez®-FDA
                                              浊度传感器

图 4.17   梅特勒-托利多公司生产的浊度传感器

上述两款浊度传感器输出信号均为数字信号，如图 4.18 所示，使用 RS-232 接口，并配合使用梅特勒-托利多公司生产的 M800 系列变送器或具有 RS-232 接口的数据采集器，完成设备的供电以及数据采集工作。

RS-232接口

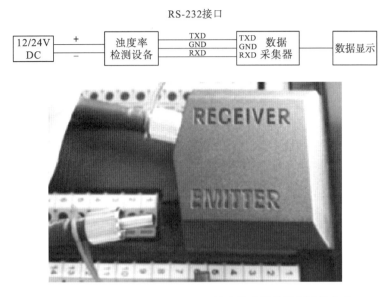

图 4.18　InPro8050/InPro8200 浊度传感器的数据连接方式

　　武汉新烽光电股份有限公司开发的一款浊度计如图 4.19 所示。该款浊度计运用向后散射方式进行水质浊度的测量,内置气泡消除系统,能最大程度消除气泡对测量值的干扰。支持 Modbus 协议的数字化传感器,可即插即用,抗干扰能力强,电缆长度可达数百米,具有历史数据自动保存功能,可存储、查询 10 年的历史数据信息。浊度的测量范围是 0～100NTU,分辨率可达到 0.01NTU,精确度可达到±0.15NTU。

图 4.19　武汉新烽光电股份有限公司开发的浊度计

4.1.5　溶解氧的监测

1. 溶解氧的监测方法

　　溶解氧分析是测量溶解在水溶液内氧气的含量。氧气通过水体周围的空气、空气流动和光合作用溶解于水中。溶解氧通常有两个来源:一个是水中溶解氧未饱和时,大气中的氧气向水体渗入;另一个是水中植物通过光合作用释放出的氧。溶解氧的测定,传统的方法是碘量法。在水样中加入硫酸锰和碱性碘化钾，水中溶解氧将低价锰氧化成高价锰，生成四价锰的氢氧化物棕色沉淀。加硫酸溶液后，氢氧化物沉淀溶解，并与碘离子反应而释放出游离碘。以淀粉为指示剂，用硫代硫酸钠标准溶液滴定释放出的碘，根据滴定溶液消耗量来计算溶解氧含量。然而，碘量法不适应自动连续测定。溶解氧电极的成功研制使溶解氧的自动测定可以采用膜电极法实现[61]。在 102.3kPa 大气压下，饱和空气的水中氧的溶解度见表 4.3，不同温度下氧在纯水中的饱和溶解度系数见表 4.4。

表 4.3　102.3kPa 大气压下在饱和空气的水中氧的溶解度

温度/℃	溶氧量/(mg/L)	温度/℃	溶氧量/(mg/L)
0	14.60	23	8.56
1	14.19	24	8.40
2	13.81	25	8.24
3	13.44	26	8.09
4	13.09	27	7.95
5	12.75	28	7.81
6	12.43	29	7.67
7	12.12	30	7.54
8	11.83	31	7.41
9	11.55	32	7.28
10	11.27	33	7.16
11	11.01	34	7.05
12	10.76	35	6.93
13	10.52	36	6.82
14	10.29	37	6.71
15	10.07	38	6.61
16	9.85	39	6.51
17	9.65	40	6.41
18	9.45	41	6.31
19	9.26	42	6.22
20	9.07	43	6.13
21	8.90	44	6.04
22	8.70	45	5.95

表 4.4　不同温度下氧在纯水中的饱和溶解度系数表

温度/℃	溶解氧系数/(kLa)	温度/℃	溶解氧系数/(kLa)
0	0.6979	22	0.4215
2	0.6606	24	0.4072
4	0.6267	26	0.3924
6	0.5957	28	0.3780
8	0.5666	30	0.3667
10	0.5408	32	0.3551
12	0.5169	34	0.3437
14	0.4950	36	0.3341
16	0.4749	37	0.3294
18	0.4554	48	0.3246
20	0.4377	40	0.3150

　　溶解氧电极利用薄膜将铂阴极、银阳极以及电解质与外界隔离开,一般情况下阴极几乎是和这层膜直接接触的。氧气及其分压以成正比的比率透过膜扩散,氧分压越大,透过膜的氧就越多。当溶解氧不断地透过膜渗入腔体时,在阴极上还原而产生大约毫安量级的电流。由于此电流和溶解氧浓度直接成比例,因此可以通过测量这个电流来表示溶解氧的含量。

　　溶解氧电极有两种方式,分别是隔膜电极式和隔膜极谱式。隔膜电极式的两个电极由两种不同的、能自发极化产生电压的金属构成。隔膜极谱式电极的电压是自发产生的,不需要外界提供。隔膜极谱式电极需从仪表输入电压对电极进行极化,由于一般需要 15min 左右的时间来完成外加电压直至达到稳定,因此隔膜极谱式电极使用前通常要进行预热,以确保电极能完成极化。

　　目前还有采用光学监测方法的溶解氧自动连续测定的方法,这种方法采用特殊的测量探头,利用光学原理可以有效地消除样品中 pH 波动、硫化氢、水中的化学物质或重金属的干扰,从而在更长的时间内提供更稳定、更准确的测量结果。

　　1)隔膜电极法

　　电极外壳端使用溶解氧透过率高的透气隔膜,比如聚乙烯或聚四氟乙烯,将正负电极和电解液封入壳内。正极为铂、金、银等贵重金属,负极则为铅、铝等易氧化金属。电解液通常是氢氧化钠、氯化钾溶液。将如图 4.20 所示的这种结构形式的电极浸入监测溶液中,若接通测定电路,则溶液中的溶解氧透过隔膜进入电极内部,在两极之间将发生如下反应:

正极反应　　　　　　　　$O_2 + 2H_2O + 4e^- \longrightarrow 4OH^-$　　　　　　　(4.4a)

负极反应　　　　　　　　　　　$2Pb \longrightarrow 2Pb^{2+} + 4e^-$　　　　　　　　(4.4b)

　　　　　　　　　　$2Pb^{2+} + 4OH^- \longrightarrow 2Pb(OH)_2$　　　　　　　(4.4c)

　　　　　　$2Pb(OH)_2 + 2KOH \longrightarrow 2KHPbO_2 + 2H_2O$　　　　　(4.4d)

　　上述反应是在以铅作负极、以氢氧化钾作电解液的条件下进行的。由于在一定条件下,通过电流的大小与溶解氧的浓度有关,所以测出电流便可得到溶解氧的浓度。

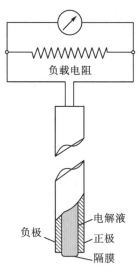

图 4.20　电极的结构

2)隔膜极谱法

隔膜极谱式溶解氧电极以铂金作阴极,Ag/AgCl 作阳极,0.1mol/L 氯化钾作为电解质,透气膜则采用硅橡胶渗透膜。测量时,在阳极和阴极间加 0.68V 的极化电压,氧通过渗透膜在阴极消耗,透过膜的氧气与水中溶解氧浓度成正比,因而电极间的极限扩散电流与水中溶解氧浓度成正比,此时监测到的电流可换算成氧浓度。两个电极之间连接有负载电阻,可通过调节负载电阻的大小,提高电压显示的数值。

同时,用热敏电阻监测溶液的温度,并对氧浓度进行温度补偿校准。空气标定时的电流一般为 50~200nA。当溶解氧浓度不变时,正极越大或者同种材质的隔膜越薄,则通过的电流也越大。

3)光学监测法

采用光学监测法进行溶解氧测量,溶解氧探头最前端的罩上覆盖有一层荧光物质。LED 光源发出的蓝光照射到荧光物质上,荧光物质被激发,并发出红光。监测从红光发射到荧光物质回到稳态所需要的时间,这个时间只和蓝光的发射时间以及溶解在水体中的氧气浓度有关。探头另有一个 LED 光源,在蓝光发射的同时也发射红光,作为蓝光发射时间的参考。传感器周围的氧气越多,荧光物质发射红光的时间就越短。因此,通过测量这个时间,就可以计算出氧的浓度。光学监测法溶解氧监测原理如图 4.21 所示。

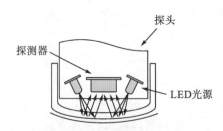

图 4.21　光学监测法溶解氧在线分析仪工作原理

4) 溶解氧传感器的设计

溶解氧传感器通过以上提及的溶解氧传感技术，将水中的溶解氧转化成电流信号后，经过并联大电阻将电流转变成电压信号，电压信号通过放大再输入到单片机，经过编程计算，从而得出所测溶解氧的浓度，其分析流程如图 4.22 所示。

图 4.22　溶解氧传感器原理图

由溶解氧探头所输出的信号为电流信号，经并联大电阻 R_6 转化为电压信号，仅为 1～100mV，必须用一个放大电路将所测信号进行放大，如图 4.23 所示。通常的电路设计选用 AD623 放大器。AD623 是基于改进的传统三运放方案的仪表放大器，即使共模电压达到电源负限时，它也能确保单电源或双电源工作。它的工作功耗低，最大 575μA 电源电流且可以单电源工作，只需外接一只电阻就可设置增益，而且它输入阻抗大，对输入信号影响小。电路中使用的电容 C_9 要用带极性的电解电容，但因所需电容比较小(1uF 以下)，带极性和不带极性区别不大，所以可以直接用普通电容即可。并联大电阻 R_6 用来将电流信号转化为电压信号，它的取值主要取决于溶解氧探头的测量要求，在仪器设计时通常选用 1MΩ。由于电抗元件在电路中有储能作用，并联的电容器在电源电压升高时，能把部分能量储存起来，而当电源电压降低时，就把能量释放出来，使负载电压比较平滑，即电容 C_9 在下面的电路中起平波的作用，以保证信号输入的精确性。

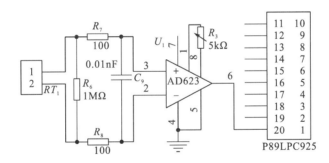

图 4.23　溶解氧传感器电路设计

2. 溶解氧在线监测仪器的介绍

如图 4.24 所示为美国 YSI 公司生产的光学溶解氧测量仪。ProODO 仪器通过手柄与仪器连接，即可读取溶解氧数据。该款仪器采用不消耗氧气的荧光寿命监测技术，可以提供更稳定、重复性更高、更敏感的溶解氧监测数据。溶解氧测量范围为 0～50mg/L。在测量 0～200mg/L 内的溶解氧时，准确度为读数之±1%或 0.1mg/L，以较大者为准；在测量 20～50mg/L 内的溶解氧时，准确度为读数之±15%。

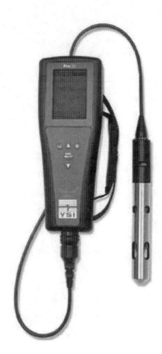

图 4.24   美国 YSI 公司生产的 ProODO 光学溶解氧测量仪

图 4.25(a)所示为梅特勒-托利多公司生产的光学溶解氧传感器。不同于电流型或者电压型方法进行溶解氧的测量,该款荧光传感器采用蓝光激发。荧光团吸收能量后转移至高能位置,部分能量将转换为热量。在间隔一个很短的时间后,剩余的荧光团将发出红光并返回自己的基态位置。如果氧分子与处于激发态的荧光团碰撞,荧光团吸收的能量将转移至氧分子。在这种情况下,将不会有荧光产生。氧分子将这个吸收的能量转为热量而不发射新的光线。因此,发射荧光的强度取决于氧气的浓度。InPro 6960i 光学溶解氧传感器是一款即插即测型传感器,光学监测帽更换方便,测量范围可广达 8ppb~25ppm,可承受12bar 的压力。维护方便快捷,可以在空气中进行校准且在长时间的使用后仍然具有很高的稳定性,从而使维护量降到最低。

图 4.25(b)所示是梅特勒-托利多公司生产的极谱法溶解氧传感器,测量范围从 30ppb至饱和状态。该传感器带有自动温度补偿功能,专为比较脏的水或废水处理应用而设计。性价比高,维护费用低。

该公司生产的溶解氧传感器可按照图 4.25(c)进行安装。将溶解氧传感器置于需要测量的位置,并与梅特勒-托利多公司生产的变送器连接,由变送器为仪器供电使其运行,同时读取仪器的测量数据。

对溶解氧传感器进行校准时,传感器必须移除介质,小心清洗并晾干。传感膜上的水滴必须擦干,避免校准不准。在校准之前,用户必须清楚地知道水或者溶液样本中的氧气含量。在校准过程中,将传感器探头置入液体中,需等待一段时间,待空气与媒介之间达到平衡,方能开始校准仪器。

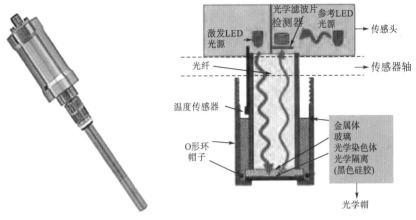

(a) InPro 6960i光学溶解氧传感器

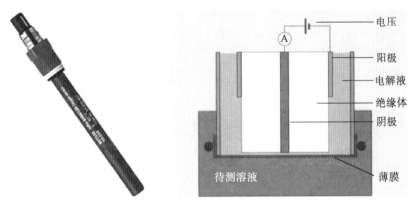

(b)InPro 6050极谱法溶解氧传感器

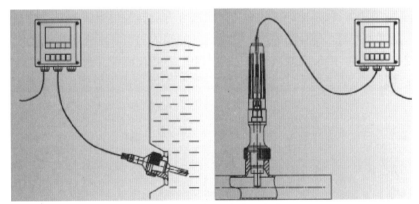

(c)溶解氧传感器安装使用方式

图 4.25　梅特勒-托利多公司生产的光学溶解氧传感器

4.1.6　水温的监测

温度的高低反映了物体的冷热程度，是物体大量分子平均动能的量度。一般采用接触式测温来测量水温。接触式测温方式具有直观、简单、可靠、准确度高的优点。监测元件需要一定时间与水体完成热交换。

1. 水温的监测方法

1) 热电偶测温

热电偶是工业生产和科研领域应用极为广泛的接触式温度监测元件,以热电效应为基础,将被测温度的变化转变为热电势输出。热电偶结构简单、使用方便、性能稳定、工作可靠,测温范围也很广,可实现−200～1600℃的测量。

将两种不同材料的导体 A、B 连接成如图 4.26 所示的闭合回路,导体 A 和 B 分别称为热电极,两个热电极的组合称为热电偶。两个电极中,一端为热端或测量端,测温时置于热源中感受被测温度的变化;另一端为冷端或参比端,通常保持某一恒定温度或室温。热电偶回路的热电势由接触电势和温差电势组成,热电势的大小与两种热电极材料的性质和两端温度有关。

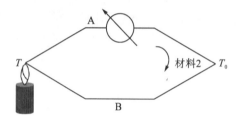

图 4.26　热电效应

两种不同材料的导体由于电子密度不同,在接触面上产生的电势称为接触电势。自由电子密度为 N_A 和 N_B 的两种导体 A、B 互相接触时,会产生电子扩散现象,如图 4.27 所示。其电子的扩散速率与两种导体的自由电子密度有关并与接触区的温度成正比。当同一热电极两端温度不同时,高温端的电子能量比低温端的大,因而从高温端扩散到低温端的电子数比逆向来得多,结果造成高温端因失去电子而带正电荷,低温端因得到电子而带负电荷。当电子运动达到平衡后,在导体两端便产生较稳定的电位差,即为温差电势。

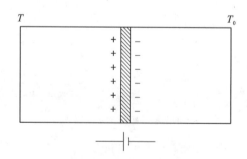

图 4.27　温差电势示意图

为了保证测温的准确度,国际电工委员会(International Electrotechnical Commission,IEC)推荐的工业用标准热电偶材料为八种。其中,分度号为 S、R、B 的 3 种热电偶均由铂和铂铑合金制成，属贵金属热电偶。分度号为 K、N、T、E、J 的 5 种热电偶，由镍、铬、硅、铜、铝、锰、镁、钴等金属的合金制成，属贱金属热电偶。

由常见的标准化热电偶的热点特性曲线可知，热电势与温度之间为非线性关系。经试验将各种标准化热电偶在参比端设定为 0℃时，热电势与测量端温度之间的对应关系列成表格，即为通常所说的分度表。它们之间的关系也可以用函数来表示，称为参考函数。各标准热电偶与 ITS-90 对应的分度表和参考函数由国际电工委员会、国际计量委员会和包括中国在内的国际权威科研机构共同合作完成。

2）热电阻测温

热电阻是应用十分广泛的接触式温度监测元件，利用导体或半导体的电阻率随温度变化的特性将温度的变化转变为电阻值的变化。热电阻测温的主要优点是信号可以远传，便于集中监控；灵敏度高，测温范围较宽，尤其在低温方向。金属热电阻的电阻温度特性稳定、互换性强、测温准确度高。热电阻的主要缺点是需要电源激励；电阻体积较大，抗机械冲击和抗振动性能较差。根据制作感温元件及电阻体材料的不同，分为金属热电阻和半导体热电阻。

热电阻测温系统由热电阻、连接导线和显示仪表组成。作为温度监测元件的热电阻，实现温度-电阻的转换；显示仪表接收电阻信号，显示温度数值；连接导线起到热电阻与显示仪表的连接作用，如图 4.28 所示。热电阻与显示仪表的连接有两线制、三线制和四线制连接三种方式。值得注意的是，连接导线本身存在电阻且随环境温度变化，当热电阻本身阻值不大、在测温范围内阻值变化又小时，连接导线的客观存在对测量结果会带来较大误差。

目前，已经国家标准化的热电阻材料有铂、铜、镍金属热电阻，其中铂电阻是国际电工委员会推荐的国际标准化电阻。半导体热电阻材料常用铁、镍、锰、钴、钼、钛、铜等金属氧化物或其他化合物按不同配比烧结而成。

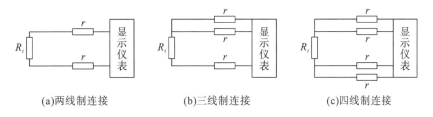

(a)两线制连接　　　　　　(b)三线制连接　　　　　　(c)四线制连接

图 4.28　热电阻与显示仪表的三种连接方式

2. 水温传感器的设计

水温传感器输出电流以热力学温度 0°（−273℃）为基准，每增加 1℃，增加 1μA 输出电流。因此在室温 25℃时，水温传感器输出电流 I_{out}=(273+25)=298μA。在应用时，需要通过运算放大器把电流转换为电压来做相应处理，方能达到测量输出电压 V_o 的目的，电路如图 4.29 所示。

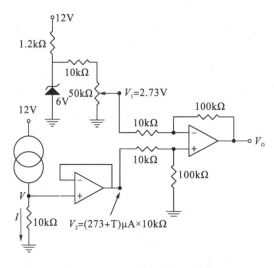

图 4.29　温度传感器信号放大电路

数模转换器 AD590 的输出电流 $I=(273+T)\,\mu A$（T 为摄氏温度），因此测量的电压为 2V。为了测量电压，使输出电流 I 不分流，仪器使用电压跟随器，使其输出电压 V_2 等于输出电压 V_o。

根据电路的性能及设计的要求，选择可以提高电路性能的元器件。图 4.30 所示为电路的总原理图，其主要器件有 LED 显示器、AD590 温度传感器、双路运算放大器 LM358、模数转换器件 ADC0809 和 At89s52 8 位微控制器。

在该仪器电路开发过程中，需要注意如下几点：

（1）根据各元件的性能指标选择水温器件，各元件参数如图 4.30 所示。

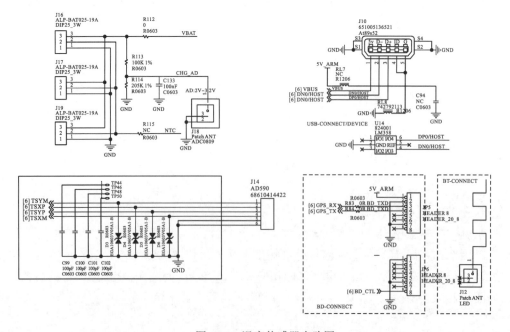

图 4.30　温度传感器电路图

（2）集成温度传感器实质上是一种半导体集成电路，它利用晶体管的 b-e 结压降的不饱和值 V_{be} 与热力学温度 T 和通过发射极电流 I 的关系实现对温度的监测。集成温度传感器具有线性好、精度适中、灵敏度高、体积小、使用方便等优点，因此得到广泛应用。集成温度传感器的输出形式分为电压输出和电流输出两种。电压输出型的灵敏度一般为 10mV/K，温度 0℃时输出为 0V，温度 25℃时输出 2.982V；电流输出型的灵敏度一般为 1mA/K。

（3）电路需要两路运算放大电路，所以选择双路运算放大器，一路作跟随器，另一路作差分放大器，LM358 内部包括有两个独立的、高增益、内部频率补偿的双运算放大器，适用于电源电压范围很宽的单电源，也适用于双电源工作模式，在推荐的工作条件下，电源电流与电源电压无关。它的使用范围包括传感放大器、直流增益模块和其他所有可用单电源供电的使用运算放大器的场合。

（4）温度传感器输出信号经过电压跟随器和差分放大电路之后，输出 0～5V 的电压信号，为了把这一信号用数码管显示出来，还要经过模数转换器件 ADC0809 把 0～5V 的电压转为数字信号 0～255。A/D 转换器的功能是把模拟量变换成数字量。

（5）At89s52 是一种低功耗、高性能 CMOS8 位微控制器，具有 8K 在系统可编程 Flash 存储器。利用 Atmel 公司高密度非易失性存储器技术制造，与工业 80C51 产品指令和引脚完全兼容。片上 Flash 允许程序存储器在系统可编程，亦适于常规编程器。在单芯片上，拥有灵巧的 8 位 CPU 和在系统可编程 Flash，使得 AT89s52 为众多嵌入式控制应用系统提供灵活、有效的解决方案。

（6）在设计中需要考虑水对设备的侵蚀作用，选用元器件需要考虑防水性能。

3. 水温在线传感器的介绍

图 4.31 是梅特勒-托利多公司生产的一款温度传感器。该款传感器在长期使用过程中，无须校准。温度测量范围为 0～65℃，分辨率为 0.0001℃。

图 4.31　梅特勒-托利多公司生产的 Thermotrode 温度传感器

图 4.32 是青岛道万科技有限公司生产的高质量、高精确度的传感器，可以测量海洋、河流和湖泊中的温度参数。该系列温度测量仪使用外部供电，通过标准 RS-232 或 USB 接口进行数据采集程序的设定和数据读取。该系列传感器测温范围为-5～35℃，精度为 ±0.01℃，分辨率为 0.001℃，响应时间是 150ms。

(a)DW1222J　　　　　　　　　　(b)DW1212

图 4.32　青岛道万科技有限公司生产的温度测量仪

4.1.7　化学需氧量的监测

1. 化学需氧量的监测方法

目前，国内地表水化学需氧量(COD)应急监测仪器既有国际知名品牌产品，也有国内知名企业产品。常见的品牌有美国 HACH 公司生产的 COD 测定仪、河北先河环保科技股份有限公司生产的 XH9004CCOD 测定仪、兰州连华环保科技有限公司生产的 PORS-1 快速测定仪、北京普析通用仪器有限责任公司生产的 PORS-15 便携式水质快速测定仪等。

COD 快速测定仪由消解器和光度计两部分组成，其监测原理是强酸性消解液在加热和催化剂的条件下，水中还原性的物质被重铬酸钾$(K_2Cr_2O_7)$氧化，$K_2Cr_2O_7$本身被还原生成 Cr^{3+}，而 Cr^{3+}浓度与水样中的 COD 浓度成正比，通过比色测定 Cr^{3+}或 Cr^{6+}的吸光度值，从而间接测定水中 COD。

具体过程是用浓硫酸配置的准确定量的已知重铬酸钾和催化剂硫酸银的混合液，以及消除水中氯离子干扰的硫酸汞溶液，加入样品中，加热至 150℃，等待 2min，此时溶液中 Cr^{6+}浓度由于氧化水中有机物质总量降低，最后在 420nm 处测定溶液中剩余的 Cr^{6+}浓度或是在 600nm 处检测溶液中生成的 Cr^{3+}的吸光度。通过绘制的标准曲线，得

$$COD = KA + B \tag{4.5}$$

式中，K 为标准曲线斜率；A 为吸光度值；B 为标准曲线截距。

便携式 COD 测定仪采用气泡间隔性质的连续流动分析系统，它在反应完全的化学反应的基础上，将烦琐的手工操作简化成仪器自动化操作，有利于降低液体的扩散度，同时使反应更加完全并降低样品的相互污染，往往会在连续的流动液体中加入比较规则和均匀的气泡。一方面通过蠕动泵抽入空气产生气泡、完成进样和转移试剂，然后经过消解器完成反应；另一方面通过监测器进行定量[62]。其流程如图 4.33 所示。

图 4.33　COD 监测流程图

如图 4.33 所示，仪器采用蠕动泵抽入空气进行气泡间隔性质的连续流动进样技术，将试剂和试样引入管道流路中，泵速可由程序设定，泵速均匀稳定，保证了进样精度。对整个测量循环中各泵运行的时间进行计量，并转换成消耗的各种试剂及水样的量，通过数据处理器对其进行计算处理，将结果进行显示、存储、远程传输和打印。由于连续流动分析要求仪器的稳定性较好，为了进一步保证分析结果的准确性，在编写运行程序时应该先写入用于基线漂移(试剂空白信号)和固定信号漂移(任意一个固定含量的样品信号)分析校正的样品，而后是标准曲线系列；其次是带过样品系列(最高浓度对最低深度的影响，一般是一个标准曲线中的最高浓度点，紧接着两个空白样品，以计算高浓度样品对低浓度样品的影响程度)，接着才是标准考核样品和所要分析的环境水样；最后应注入相应的基线和漂移校正样品。只有全部程序运行完毕后，样品的最终结果(原始信号经基线、漂移和带过等各种校正后的结果)才会计算出来。

从图 4.34 可见，便携式仪器主要分四大模块：①试样传输模块，由蠕动泵控制；②样品的消解模块，使得水样中还原性的物质被 $K_2Cr_2O_7$ 充分氧化；③测量模块，为试液的容器和吸光度监测系统；④控制及其数据处理模块，主要有数据处理存储、蠕动泵控制、恒温控制和传输等功能。

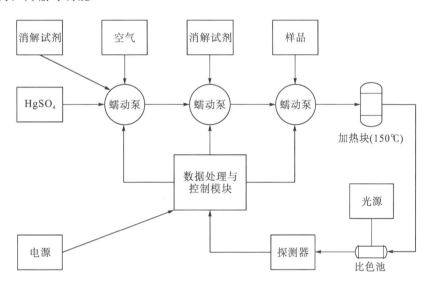

图 4.34　便携仪器测量示意图

2. 化学需氧量在线监测设备的介绍

化学需氧量在线监测设备多采用光谱法制造。图 4.35(a) 所示是奥地利是能公司生产的 spectro::lyser 传感器。该款传感器采用 200～390nm 或者 200～750nm 全波段紫外可见光光谱，其光程口径可调节。发射光源采用闪烁氙灯，光谱接收端采用 256 个光电二极管完成透射光的接收。该款传感器光学槽具有自动清洗测量刷的功能。为适应不同使用环境，该系列仪器也设计了不同尺寸的光学槽。自左向右放大的光学槽长度分别是 35mm、5mm 和 1mm，分别适用于饮用水、地表水和污水环境的监测。该款仪器采用 12V 直流电压供电，使用 RS-485 方式完成数据传输，安装使用过程如图 4.35(b) 所示。将该仪器与对应的数据采集装置[图 4.35(c)]连接，数据采集装置的功能包括为仪器的运行提供电力、向仪器发送功能指令和收集仪器的采集数据。完成数据采集后，可通过如图 4.35(d) 所示的控制软件，对数据结果进行显示。该款设备除采用 RS-485 通信模式外，也可通过蓝牙或 WLAN 网络与移动设备进行传输，利于用户更方便地与该仪器进行通信，完成数据的收集工作[63]。

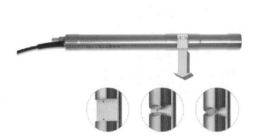

(a)spectro::lyser传感器　　　　　　　　(b)仪器安装使用图

(c)多功能控制终端　　　　　　　　(d)控制软件

图 4.35　奥地利是能公司生产的传感器

　　该款设备监测 COD 的测量范围是 0～450mg/L，监测精度可达到±0.6mg/L，精确度为示值±2%。

　　图 4.36 是武汉新烽光电股份有限公司开发的一款 COD 在线传感器 XF-COD-1。该传感器可同时测量 254nm 和 400nm 的吸光度，在 254nm 处监测得到的吸光度换算成 COD 值时，运用 400nm 处的吸光度消除水样中色度、浊度产生的干扰，提高监测准确性。该款设备运用紫外可见光吸收光谱监测原理，采用两路光源，自动进行内外光路的切换，并进行光路自身衰减的自动补偿，实现可靠稳定地测量。测量范围是 0～300mg/L，分辨率达到 0.01mg/L。

图 4.36　武汉新烽光电股份有限公司生产的 COD 在线传感器

4.1.8　生化需氧量的监测

1. 生化需氧量的监测方法

生化需氧量(BOD)的监测方法主要有国标法和生化需氧量在线监测技术方法两种。当前，以在线技术方法为主。

国标法即传统五日生化法，五日生化需氧量(BOD$_5$)是指在好氧条件下，水体中的有机物在微生物分解作用下经复杂的生化反应过程溶解氧的变化量。其操作原理是按照待测水样参数条件，消除干扰因子，取原水或稀释处理后的水样(其中溶解氧量满足监测需要)，监测其溶解氧的质量浓度(单位为 mg/L)变化差值。具体操作步骤是：将待测水样同时分为两份，一份即时监测水样中当日溶解氧的浓度，另一份置于设定温度为(20±1)℃的恒温培养箱中，经五天培养后测定溶解氧的浓度，由两次测量的浓度之差计算每升样品消耗的溶解氧，即为五日生化需氧量。五日生化需氧量的测量过程如图 4.37 所示。

图 4.37　五日生化需氧量测量过程

监测氧的消耗量时，国标法采用化学分析法。在仪器自动监测法中，是通过测定一定容器中好气性微生物呼吸作用产生的二氧化碳在检压计上引起的压力变化，监测出氧的消耗量。

在测量 BOD 过程中硝化细菌也会消耗一部分溶解氧，亚硝酸菌属将氨氮氧化为亚硝酸氮，然后硝酸菌属将其进一步氧化为硝酸氮。由于硝化细菌比碳氧化细菌生长速度慢很多，因此，硝化需氧量只在 5 天或者 7 天之后才会出现。抵制硝化反应的主要方法是在稀释水中投加 2-氯-6-三氯甲基吡啶($C_6H_3Cl_4N$)。

BOD 的在线监测技术在近几年得到不断进步和拓展，具有与国标法相当的可比性和应用广泛、经济可行的优点，使之成为 BOD 短时测定的首选方法。在 BOD 的快速监测方法当中，微生物传感器备受关注。1977 年，Karube 等[64]首次提出将土壤中分离出来的微生物固定在胶原蛋白膜上，并与氧电极组成微生物传感器，监测废水 BOD[65]。该方法实现了 BOD 在 1 小时内的快速测定，简化了操作步骤，其输出信号在 10 天内都能保持稳定。BOD 微生物传感器一般由生物识别元件和转换元件两部分组成。生物识别元件是利用微生物的生化反应对待测底物进行识别响应的部分，一般分为微生物的选取和培养以及微生物固定两个步骤；转换元件是将生物响应信号转换成可测电信号、光信号等的部分。

BOD 微生物传感器中，所选微生物需要具有广谱性(即对待测底物的低选择性)、稳定性、无毒和对环境的耐受性等。一般作为生物识别元件的微生物可以是单一菌种、菌群、死细胞或酶等。常用于单一菌种监测的微生物包括皮状丝孢酵母(*Trichosporon cutaneum*)、枯草芽孢杆菌(*Bacillus subtilis*)、大肠埃希氏杆菌(*Escherichia coli*)、酿酒酵母(*Saccharomyces cerevisiae*) 等。将微生物固定在传感器上，可使传感器具有较高热稳定性、可重复使用和反应后无须与反应物分离等优点。目前，微生物固定方法主要有吸附法、包埋法、夹膜法和交联法等。吸附法利用载体之间的静电相互作用进行细胞固定，可分为物理吸附和离子吸附。吸附法操作简单，对微生物无毒害作用，细胞活性损失小，但长时间使用后菌种易脱落，影响使用寿命。包埋法是最常用的方法，它将细胞裹于凝胶的微小格子内或半透膜聚合物的超滤膜内。包埋法制备的微生物膜机械强度虽有提高，微生物活性也较交联法高，但该方法不适用于涉及大分子物质的反应，故在实际监测中需对水样进行预处理。夹膜法制备的微生物膜，使用寿命延长，菌体不易流失，操作简单，无须任何化学处理，重现性较好，尤其适用于微生物和组织膜的制作，但其所需活化时间较长，制备中存在菌种定量问题。交联法是化学固定方法，采用非水溶性载体，如戊二醛、偶联苯胺和牛血清白蛋白等。

BOD 微生物传感器根据其换能器的不同可大致分为电化学型和光学型两类。电化学型 BOD 传感器又可分为氧电极型、媒介体型和微生物燃料电池型等。氧电极型 BOD 微生物传感器最为普遍，是在电极表面覆盖氧渗透膜和微生物膜，通过测量添加样品前后溶液中溶解氧浓度变化监测 BOD。媒介体型 BOD 微生物传感器以可逆氧化还原物，如铁氰化钾、二茂洛铁等，替代溶解氧促进有机物发生生化反应，实现电子转移，通过测量电极表面媒介体发生氧化反应的电子转移数实现 BOD 的监测。微生物燃料电池型 BOD 传感器是以微生物为催化剂，将有机物中的化学能转换为电能的装置。当电池转化率一定时，其产生的电荷量与底物质量浓度呈正比。典型微生物燃料电池由阳极室和阴极室构成，两个极室由质子交换膜隔开，阳极室保持厌氧环境而阴极室保持好氧环境，阴阳两极通过外电路连接。阳极室中，微生物催化分解有机物并释放电子和质子，电子传递至阳极，后经外电路传递至阴极，质子经质子交换膜传递至阴极，并与来自外电路的电子和阳极室的 O_2 发生反应生成水。微生物燃料电池型 BOD 传感器响应时间短、适用范围广、稳定性好且操作简单。

光学型 BOD 传感器利用光源发出的光经过不同浓度样品时，会引起光强、频率、相位、偏振态等光学参数的变化，通过监测这些参数的变化获得待测样品信息。光学型 BOD 传感器具有实时、快速、响应不受样品流速影响等特点，在现场监测中也开始大规模应用。

此处介绍的 BOD 在线监测仪器选用电化学型微生物传感器，BOD 在线自动监测仪主要由自动采样器、自动稀释器、自动进样器、流动注射系统、微生物传感器、恒温器和信号测量系统等组成，仪器组成结构如图 4.38 所示。

自动采样器接到系统取样指令后，采样泵开启，水样由采样器自动、定时打入储水器。稀释器按设定的稀释倍数，用缓冲液将从储水器中取出的水样稀释后送到样品池，到设定测量时间后，仪器开始吸入样品，用于测量。当样品浓度超出仪器的监测范围时，仪器将使用纯净水对水样进行稀释。

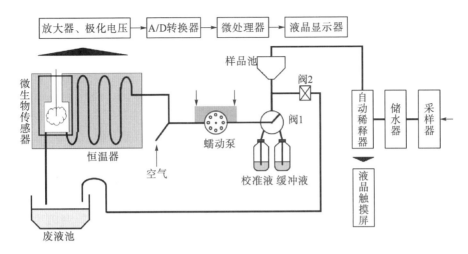

图 4.38　BOD 在线自动监测仪结构图

　　仪器的测试系统主要由流动注射进样系统、微生物传感器、恒温器、放大器、A/D 转换器、微处理器和主机液晶显示器等部件组成。仪器按照预先设置的程序控制。分别将缓冲液、校准液和水样送入恒温器内的测量池，当装有微生物传感器的测量池中通入恒温、溶解氧浓度一定的缓冲溶液时，由于微生物的呼吸活性一定，缓冲液中的溶解氧分子通过微生物膜扩散进入传感器氧电极的速率一定，则电极输出稳定的电流。当通入水样后，水样中的有机物与氧分子一起扩散通过微生物膜，膜内微生物氧化有机物而消耗氧气，导致扩散进入氧电极的氧分子速率降低，电极输出电流下降，达到稳态值之后，两稳态电流之差与膜内微生物同化该样品中有机物时消耗的溶解氧呈正比关系，因此，可从电流降低值计算出样品的 BOD 值。测定时，两稳态电流差由仪器直接测量，并根据标准液的校正结果显示样品的 BOD 值。监测过程如图 4.39 所示。

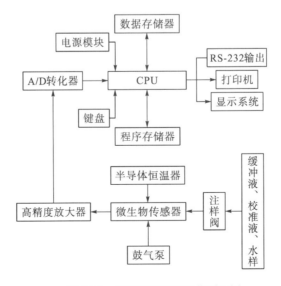

图 4.39　仪器测试系统工作原理图

　　仪器本身具有自动校准的功能，开机自动进入校准菜单，校准完成后（两次校准值之差在设定的允许范围内则进入测量程序，否则需重新校准）开始测量。当校准曲线漂移后，仪器会再次进入校准程序。该功能使仪器的准确度和精密度大大提高，测定结果更加准确。

　　在监测过程中，温度是影响微生物活性和溶解氧扩散的主要因素。当温度升高，微生物活性将增强，传感器响应信号增大。考虑到微生物的工作寿命和测试的稳定性，测试时仪器内部的温度恒定控制在(30±0.5)℃。由于微生物的活性与介质及其 pH 密切相关，因此，测试底液应选择适宜的缓冲体系。经测试，以磷酸氢二钠-磷酸二氢钾配制的混合磷酸盐缓冲体系为测试底液时，响应信号最大最稳定。进一步试验表明，缓冲溶液浓度在 0.01～0.1mg/L 时，传感器的响应信号无明显变化，缓冲溶液的最适 pH 范围为 6.5～8.5。因此，仪器测试时选浓度为 0.025mol/L、pH 值为 7.0 的混合磷酸盐缓冲溶液为测试底液。

　　使用该仪器对浓度为 75mg/L 的标准样品监测，结果见表 4.5，相对误差为 2.53%，说明仪器具有较高的准确度。

表 4.5　BOD 测试值分析表

测定值/(mg/L)	平均值/(mg/L)	标准偏差/(mg/L)	样品浓度/(mg/L)	相对误差/%
74.34，74.12，75.66，75.34，76.83，73.98，75，42，76.73，74.48，76.87，76.69，76.89，74.48	73.1	4.5	75	2.53

2. 生化需氧量在线监测设备的介绍

　　此前介绍的奥地利是能公司生产的 spectro::lyser 传感器也可用于 BOD 的监测。该设备监测 BOD 的性能为：测量范围为 0～350mg/L，精密度为±1.8mg/L，精确度为示值±2%。

　　英国 CTG 公司也生产了一款可用于水环境领域应用的 BOD 监测设备——UviLux BOD 在线监测仪器。该设备可实现原位在线实时监测污水处理厂、自然水体中的 BOD_5 值，其外观如图 4.40 所示。可溶解有机物由降解的动物或植物组成。在许多情况下，可溶解有机物常与活性微生物群落相伴，就是这些微生物群落会消耗氧气，导致出现较高的 BOD 值，并使水生态系统的含氧量下降。在这些微生物细胞壁上发现的蛋白产生的荧光被证实与氨基酸和色氨酸处于相同的光谱区域。"色氨酸类"的荧光可以被用于测量微生物活动，也可表征 BOD。监测"色氨酸类"的荧光给出了一种可直接监测潜在的破坏氧气崩溃的可溶解有机物的方法，类似于五日生化法。同时，结果也是可即时获取的。这就让识别污染可溶解有机物变得更加快速和可靠。UviLux BOD 仪器的监测方法是利用 255nm 的紫外光激发色氨酸，色氨酸发出发射波长为 360nm 的荧光，通过读取荧光数据并经校准后，换算成 BOD 值并显示在控制器终端。

图 4.40　英国 CTG 公司生产的 UviLux BOD 在线监测设备

该仪器 BOD 的测量范围为 0.001～50mg/L，灵敏度小于 0.0001mg/L。该仪器可使用 RS-232 和 SDI-12 两种接口方式进行数据通信。输入电压要求为 9～36V，工作温度在-2～40℃内均可。

4.1.9　总有机碳的监测

1. 总有机碳监测方法的介绍

总有机碳(TOC)的测定过程主要涉及有机碳的分离、氧化与测定三个过程。从复杂的混合样品中测定有机碳是困难的，需要对有机碳和无机碳进行分离，常见的三种分离方法分别是酸处理、矿化和仪器分离。酸处理的目的是让有机碳与无机碳分开，曝酸可达到目的，但是曝酸过程过长会降低监测效率，而且操作需谨慎细心。采用不同的酸试剂会取得不同的分离效果。有机质的消解或煅烧能达到矿化目的。消解过程除了要面临有机质氧化不彻底外，还可能面临样品还原性物质氧化显著性误差的问题。一般认为 500℃以上的温度能保证有机质的充分矿化。仪器分离有机碳与无机碳是当今最前沿的 TOC 测定方法，其主要思想是把样品打成分子或更小的碎片，用仪器直接测定碳含量。

测定 TOC 的原理是把不同形式的有机碳通过氧化转化为易定量测定的 CO_2，利用 CO_2 与 TOC 间碳含量的对应关系，从而对水溶液中 TOC 进行定量测定。对有机碳进行分离后则开始对其进行氧化，从有机碳氧化方式看，可分为以下 3 类：使用强氧化剂作为氧化手段的化学氧化法，使用干式燃烧或湿式燃烧作为氧化手段的高温氧化法以及无氧化过程的测定法。

干法氧化即燃烧法，是一种能确保所有 TOC 被氧化的方法，因此，也被认为是最准确的方法，可以作为校准其他方法的标准。液体样品可直接注入燃烧管，也可在燃烧前进行蒸发。若直接注入，挥发性有机物(volatile organic compounds，VOC)与生成的气体一起高速扫过燃烧管，导致测得的有机碳值降低；若燃烧前进行蒸发，有机化合物也可能挥发。当温度高于 1000～1100℃时，CO_2 可使样品中的有机碳被氧化；温度较低时，要使氧化反应彻底进行就需要催化炉。950℃时，可选择 Cr_2O_3、CoO 和 CuO 作为催化剂；680℃时，可选用过渡金属的氧化物（如 Pt、Cu、Ir 和 Ni 等）作为催化剂。目前，大多数干法氧化采用 950℃的高温加催化剂，少数采用 680℃加催化剂。680℃能延长石英管的使用期限，改善重复性。德国的 LAR 公司研发出不用催化剂的 1200℃超高温燃烧的氧化方法。1200℃的超高温，即使不填充任何催化剂，也能把几乎所有的有机物彻底氧化。但是，石英、合金和普通耐火陶瓷都不能在 1200℃的超高温下正常运行，需要解决氧化管的材料、制作工艺及加热方法问题。燃烧法所遇到的问题包括：氧化温度难以控制、氧化不完全、不易消除记忆效应和背景值高，其来源主要是所使用的酸、催化剂、之前注入的碳、载气以及实验设备。

湿法氧化采用不同的氧化剂、消解时间和反应温度来氧化有机碳。氧化剂的种类很多，如过氧化氢、过氧化钾、高锰酸钾、重铬酸、过硫酸盐等，但使用最多的是过硫酸钠和过硫酸铵。在氧化过程中，还常常辅以加热、加压、紫外线照射等方式来提高氧化效率。与燃烧法相比，化学氧化时水中溶解性物质不发生干扰。

燃烧法受水中共存离子如硫酸根、硝酸根、氯离子、磷酸根、硫离子等的干扰很大，样品需要进行前处理。前处理过程越多，系统误差越大。另外，可通过化学氧化法快速测定总有机碳，而燃烧法测定总有机碳前要曝气去除溶液中的总无机碳，此过程会造成水中挥发性有机化合物的损失而产生负误差。

在 TOC 分析所用的监测技术当中，非色散红外探测法和薄膜电导率探测法是被美国试验材料学会所认证的方法。非色散红外探测法的应用最成熟、方便，是探测技术的主流。我国目前推荐使用的方法也是非色散红外探测法，它根据 CO_2 在吸收池中对红外光能量选择性吸收测定 TOC 含量，具有灵敏度高、检出限低、针对性强等优点。

除非色散红外探测技术和薄膜电导率探测技术外，近几年来新型的监测技术也在不断出现。其中，紫外光谱监测技术尤为引人注目，通过测量纳升级水样在 254nm 波长的紫外吸光度，就可以间接获得水样中 TOC 的含量。该技术简单、快捷、价格低，不会对环境带来二次污染。但是，此法仅仅对成分单一的或组分简单且相对稳定的水体适用，而且某些因素（如溶液中的悬浮物、胶态物质、pH 值等）对测定结果有较大的影响。对于复杂水体如废水样，往往需要进行必要的预处理。

基于燃烧氧化非分散红外吸收原理的 TOC 分析仪包括进样系统、高温反应单元、二氧化碳红外监测模块和数据处理系统。其中高温反应单位（图 4.41）是关键部分。高温反应单元主要将内置催化剂的石英管装配在高温管式炉中。催化剂上部安置少量石英棉，以防止盐分等不可燃烧的杂物吸附催化剂，降低催化效率。石英棉不能沾染有机物，否则会使二氧化碳析出，导致仪器基线偏移。石英棉是高热容惰性填料，能对水样进行预热汽化。石英管内径 17mm，总高度为 320mm，管式炉为立式，中空，中间安装石英管，内侧绕炉丝。用其对石英管及其内部的催化剂和石英棉进行加热，炉温监测点对应于催化剂和石英棉所在位置。管式炉的保温材料为纤维材料，外径为 130mm，具有足够保温性能。

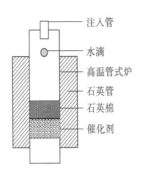

图 4.41　高温反应单位

TOC 分析仪器测量过程为：将经过酸化曝气吹除无机碳后的测试水样注入到高温石英管中，使有机物在催化剂作用下转换为二氧化碳。红外监测模块测定载气中二氧化碳质量浓度，并将二氧化碳质量浓度信号输入到数据处理系统，进行数据处理、显示、存储和通信。

样品中的有机物被燃烧氧化成二氧化碳的反应机理为

$$C_mH_n + \left(m + \frac{n}{4}\right)O_2 \xrightarrow{\text{高温, 催化剂}} mCO_2 + \frac{n}{2}H_2O \tag{4.6}$$

燃烧催化剂在工业废气净化和汽车尾气净化等方面已经取得了显著的成果。其中，以 Pt 和 Pd 为代表的贵金属催化剂被称为完全氧化催化剂，而不同的贵金属催化剂的活性有较大差异。含苯、甲苯和二甲苯等有机物的工业废气催化燃烧试验发现：Pd、Pt 对各种常见燃料的燃烧均具有很好的完全氧化活性；Pd 较适用于 CO、天然气、CH_4 和烯烃类燃料；Pt 则适用于长链烷烃（$n_c > 3$）燃料；而对芳香族有机物的氧化，两者相当。目前，汽车尾气净化用 Rh、Pd 和 Pt 等作为催化剂，其中，Rh 用于催化 NO 还原，Pd 和 Pt 用于促进 CO 和未燃烧的烃类有机物完全氧化。

以纯粹的颗粒状或者蜂窝状贵金属作为催化剂，造价昂贵。目前一般将贵金属催化剂涂覆到高比表面载体上，以获得较大的活性表面，同时减少高温烧结。贵金属燃烧催化剂常用的载体材料有 Al_2O_3 和堇青石（$2MgO \cdot 2Al_2O_3 \cdot 5SiO_2$）等，Pt 的氧化物与 Al_2O_3 的表面互相作用较小，易形成大颗粒金属结晶。因此，TOC 分析仪采用蜂窝状圆柱堇青石陶瓷作为载体。该陶瓷贯穿着许多直通道，相比颗粒式载体，蜂窝状载体气路压降更低，导热性能更好，且具有热膨胀系数小、耐热性好、机械强度大、耐冲击等优点。设计的催化剂载体为蜂窝陶瓷，负载质量选择分数为 0.5% 的 Pd 和 0.07% 的 Pt。

贵金属催化剂 Pt 和 Pd 对有机物的起燃温度和完全燃烧温度有较大差异，但催化转换曲线一般都显示对苯、甲苯等有机物的起燃温度只有 200℃ 左右，达到 90% 的转化率也只需 300℃ 左右。贵金属催化剂 Pd 的使用温度不能超过 800℃。为保留一定的安全余量，TOC 分析仪高温反应单元温度设定为 680℃。这一措施降低了贵金属的挥发性，保护了高温炉内的石英管和贵金属催化剂，延长了石英管和贵金属的使用寿命，从而保证有机物的催化转换效果，同时也显著降低了能耗。

TOC 分析仪高温反应单元的管式电炉选用镍烙丝作为炉丝。镍烙丝能耐 1100℃ 的高温，远高于 TOC 分析仪设定的 680℃ 工作温度，具有足够的安全余量，可以防止炉丝熔断，保证高温炉寿命和使用安全性，并有助于保证控温准确性。热敏电阻一般温度控制在100℃以下，即使是 Pt 电阻温度计，一般也只适用于 200℃以下的环境。因此，TOC 分析仪选择适用于 0～1300℃的镍铬-镍硅（K 型）热电偶测量炉温。TOC 分析仪测试常常选取体积为 30μL、半径为 1.93mm、表面积为 46mm² 的水样。由于表面张力的作用，水滴为球体。水样注入管和石英棉相距 180mm。这样的设计，可以保证催化剂温度基本保持恒定，保证催化性能的稳定性。

《水质　总有机碳的测定　燃烧氧化-非分散红外吸收法》（HJ 501-2009）规定邻苯二甲酸氢钾（KHP）作为有机碳标准测试液。在本书试验中，利用邻苯二甲酸氢钾和蔗糖分别制备 TOC 质量浓度为 40mg/L 和 1000mg/L 的测试溶液，用于校验 TOC 分析仪的有机物转化率及系统实用性。红外监测模块监测到的 CO_2 质量浓度曲线经平滑降噪后，取曲线高峰作为 CO_2 质量浓度测量值，曲线底部平坦部分作为基线。

根据 TOC 分析仪石英管体积，可以估算当 TOC 质量浓度分别为 40mg/L 和 1000mg/L 时，CO_2 质量浓度理论峰值分别为 138Gg/L 和 2762Gg/L。KHP 和蔗糖溶液测试结果见表 4.6。

表 4.6　KHP 和蔗糖溶液测试结果

测试样品	$\rho(TOC)$=40mg/L，KHP 标准液	$\rho(TOC)$=1000mg/L，KHP 标准液	$\rho(TOC)$=1000mg/L，蔗糖标准液
无氧化剂	62	26	11
Pd 氧化剂	96	97	95
Pt 氧化剂	99	103	98

由表 4.6 可以知，没有使用催化剂时，有机物不能全部被氧化；使用催化剂后，TOC 质量浓度为 40mg/L 的水样中，有机物基本全部被氧化转化为 CO_2。而 TOC 质量浓度为 1000mg/L 的水样测试显示，Pt 催化剂效果稍稍优于 Pd 催化剂，并且 KHP 比蔗糖更容易氧化。Pt 催化剂的质量分数虽然低于 Pd 催化剂的质量分数，但试验显示，Pt 对于 KHP 和蔗糖的催化转化效率更高。这可能是由于 KHP 和蔗糖中碳的质量分数相对较高。

TOC 质量浓度为 1000mg/L 的水样在日常生产和生活中并不多见，可据此测试 TOC 分析仪对高质量浓度有机物的氧化转化率。

测试表明，Pt 催化剂效果稍稍优于 Pd 催化剂效果，表明具有完全催化氧化效果的 Pt 催化剂也适用于高 TOC 质量浓度的水样。

2. 总有机碳在线监测设备的介绍

如图 4.42 所示是一款梅特勒-托利多公司生产的在线 TOC 分析仪。该分析仪采用成熟的紫外线氧化技术和高精度的电导率传感器，对总有机碳进行准确分析，可提供可靠数据，以保证用水系统的合规性。高性能传感器可提供实时数据和内部诊断报告。测量范围为 0.05～2000μgC/L，分度值达到 0.001μgC/L，监测限达到 0.025μgC/L。

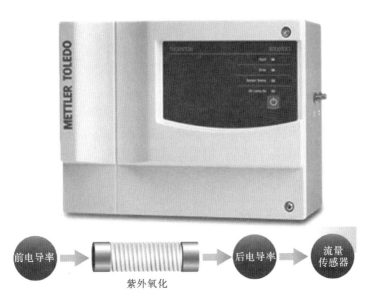

图 4.42　梅特勒-托利多公司生产的 6000TOCi 在线 TOC 分析仪

　　日本岛津公司也提供了一款在线 TOC 分析仪 TOC-4200，仪器外观如图 4.43 所示。该仪器的应用领域不仅包括废水处理过程中的进水、污水处理及最终排水的管理，同时还用于自来水、冷却水及清洗水等水体中有机物的监测。TOC-4200 采用耐腐蚀性强、维护量极低的八通阀系统，使用 680℃燃烧催化氧化技术进行 CO_2 气体监测。

　　仪器的测量范围包括：0～1mg/L、0～5mg/L 和 0～20000mg/L，最短的测量周期是 4min，使用 250～300kPa 99.99%高纯氮气。通过使用数字 Modbus RS-232 或 RS-485 模拟完成数据采集工作。利用零标液和跨度标液自动校准或 5 点标准液就可完成对仪器的校准。

图 4.43　日本岛津公司生产的 TOC-4200 在线 TOC 分析仪

4.1.10 总氮的监测

1. 总氮监测方法的介绍

总氮(TN)自动监测仪主要使用紫外吸收法和化学发光法两种体系。紫外吸收法以《水质　总氮的测定　碱性过硫酸钾消解紫外分光光度法》(GB 636-2012)为基础，即将含氮化合物用 $K_2S_2O_8$ 分解并氧化为 NO_3^-，用紫外法测得 TN。值得注意的是，这一方法体系容易受溴化物离子的干扰。化学发光法没有干扰，被认为是自动在线监测的首选方法体系。此法以载气的方式将水样带入装有催化剂的反应管中，通过高温(700~900℃)或低温密闭燃烧将含氮化合物氧化为 NO，再与臭氧发生器产生的臭氧(O_3)反应，然后测量化学发光强度。此方法反应的条件要求高。因此，总氮自动监测仪一般采用 120℃碱性过硫酸钾($K_2S_2O_8$)消解紫外吸收法、60℃或 80℃碱性 $K_2S_2O_8$ 紫外消解紫外吸收法、150℃或 160℃碱性 $K_2S_2O_8$ 消解流动注射紫外吸收法、95℃碱性 $K_2S_2O_8$ 紫外电解消解紫外吸收法和热分解化学发光法。

这几种方法的不同之处主要在于水样消解部分。碱性 $K_2S_2O_8$ 消解紫外吸收法是在水样中加入 $K_2S_2O_8$ 溶液和 NaOH 溶液，在 120℃下加热氧化分解 30min，使水样中含氮化合物被分解为 NO_3^-。碱性 $K_2S_2O_8$ 紫外消解-紫外吸收法则在水样中加入 $K_2S_2O_8$ 溶液和 NaOH 溶液，在 60℃或 80℃下紫外线照射，使水样中含氮化合物被分解为 NO_3^-。其余的方法皆类似，目的是将水样中含氮化合物分解为 NO_3^-。完成消解步骤后，在水样中加入 HCl，将溶液 pH 调节至 2~3。然后在 220nm 波长处测量吸光度值。

表 4.7 比较了高温高压、紫外以及紫外-加热三种方式对含有无机氮和有机氮混合标准液的消解效果。表 4.7 结果表明，紫外-加热消解方式的平均消解效率约为高温高压消解平均结果的 89.2%。同时，紫外-加热这种消解方式与高温高压方式相比，所需条件更易达到。因此，在便携式总氮监测仪器过程中，多采用紫外-加热的消解方式。

表 4.7　不同消解方式测定结果　　　　　　　　　　　(单位：a.u.)

消解方式	A_1	A_2	A_3	A 平均
高温高压	0.321	0.365	0.342	0.342
紫外	0.129	0.151	0.098	0.126
紫外-加热	0.306	0.299	0.312	0.305

表 4.8 对比了不同消解时间对测定结果的影响。结果表明，20min 后，总氮消解基本完成。因此，总氮仪器在测定过程中，消解时间一般设定为 20min。

表 4.8　不同消解时间测定结果　　　　　　　　　　　(单位：a.u.)

消解时间/min	A_1	A_2	A_3	A 平均
5	0.098	0.096	0.088	0.094
10	0.146	0.153	0.149	0.149

续表

消解时间/min	A_1	A_2	A_3	$A_{平均}$
15	0.249	0.250	0.254	0.251
20	0.281	0.284	0.279	0.281
25	0.291	0.288	0.286	0.288

　　总氮监测设备的组成示意图如图 4.44 所示，水样与试剂通过自动进样系统进入循环流路。经过紫外加热消解、吸收光检测系统检测后，由硬件处理系统对吸收光信号进行分析与处理，并通过 RS-232 端口将数据上传至 PC 端供用户使用。

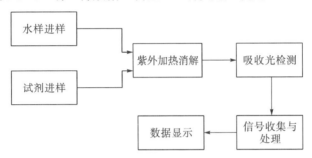

图 4.44　总氮监测设备组成示意图

　　采用紫外消解方式的总氮监测仪器的示意图如图 4.45 所示。水样品、纯净水、消解剂均按照一定比例，通过三通阀和蠕动泵连接到溶液循环回路。其中对水样进行消解部分，$K_2S_2O_8$ 溶液和 HCL 溶液按一定的比例混合作为氧化剂与样品同时被注入消解系统。消解系统由紫外灯和加热器组成。弱酸性环境中，水样中各种形态的磷经过消解系统处理，被氧化成硝酸根。消解后的试样冷却后，运用分光光度计测定其吸光度，计算总氮浓度。

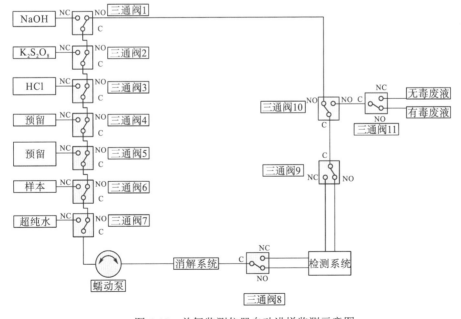

图 4.45　总氮监测仪器自动进样监测示意图

　　总氮监测仪器的光路结构图如图 4.46 所示。220nm LED 光源发出的光经过透镜准直，220nm 带通滤光片滤光和透镜聚焦，达到吸收光流通池入射光口。被监测水样通过溶液流道流经吸收光流通池，产生的吸收光信号经过透镜收集，达到光电倍增管（PMT）。

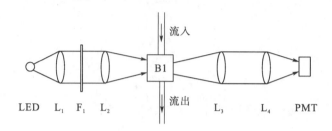

　　L_1，L_2，L_3，L_4. 透镜；F_1. 220nm 滤光片；B_1. 吸收光流通池；PMT. 光电倍增管

图 4.46　总氮监测仪器光路示意图

2. 总氮在线监测设备的介绍

　　TNP-4200 是日本岛津公司开发的高性价比在线总氮分析仪，能实现总氮参数的监测，总氮分析采用 220nm、275nm 双波长测量原理，完全符合《水质　总氮的测定　碱性过硫酸钾消解紫外分光光度法》（HJ　636-2012）国家标准，测量结果准确，仪器设备如图 4.47 所示。

图 4.47　日本岛津公司 TNP-4200 在线总氮分析仪

　　日本岛津公司 TNP-4200 在线总氮分析仪采用寿命长、耐悬浮样品的陶瓷八通阀，降低了维护成本。驱动部分配备了传感器，可快速识别动作异常，实现了仪器的稳定运转。通过采用日本岛津公司特有的悬浊样品预处理器，可大幅降低泥污及悬浮物质对仪器影响；采用操作简便的彩色触摸屏实现了仪器的直观操作。并且追加了可校正进度的日历功能和 USB 数据输出功能，大幅度提升了仪器的可操作性。另外，在原来单流路悬浊预处理器 RS-232C 型号的基础上，还准备了未配备预处理器的型号，其技术指标见表 4.9。

表 4.9　TNP-4200 在线总氮分析仪技术指标

项目	内容
测定原理	碱性过硫酸钾紫外线氧化分解、紫外线吸光光度法
自动校准	利用零标液和跨度标液自动校准
测定范围	0～2/5/10/20/50/100/200 mgN/L
测定周期	1h
样品前处理功能	高速回旋式匀化器，利用自来水自动逆流清洗滤网
自动清洗功能	可根据用户设定的时间间隔，定时用蒸馏水对仪器内部管路进行清洗
安装	室内安装

　　JC2000-TN 型总氮在线水质分析仪是青岛聚创环保集团有限公司生产的用于地表水及污水的总氮指标的在线监测仪器，如图 4.48 所示。仪器以国标或行业标准为依据，具有操作简单、自动化程度高、便于维护、耗材成本低等特点，仪器配有 RS-485 或 RS-232 接口，支持 Modbus 协议，可以通过远程通信对其运行状况和数据进行全面的掌握，亦能对其进行远程控制，实现远程分析、远程标定、远程清洗等先进功能。另外，仪器自带有稀释功能，针对高浓度的样品亦可以满足其应用要求。经长时间的反馈验证，其分析的精确度等指标均优于国家相关标准。其技术指标见表 4.10。

图 4.48　JC2000-TN 型总氮在线水质分析仪

表 4.10   JC 2000-TN 型总氮在线水质分析仪技术指标

项目	内容
分析量程	0.2～7.0mg/L；0.2～70.0mg/L(可定制)
检出限	0.05mg/L
分辨率	<0.02mg/L
误差	<10% F.S.
重复性	5%
量程漂移	±5% F.S.
消解温度	120℃(可设置)
消解时长	30min(可设置)
报警	缺液报警；自检报警；故障报警；超标报警(一路继电器)
通信	一个 RS-232 或 RS-485 接口；标准 Modbus 协议
使用环境	5～35℃，湿度<90%(无凝露)
采水单元	用于水样的循环及留存；自动反吹洗精密过滤系统(选配)

4.1.11 氨氮的监测

1. 氨氮的监测方法

氨氮水质在线分析仪器通常分为电极法和光度法两种。气敏电极法采用氨气敏复合电极，在碱性条件下，水中氨气通过电极膜后对电极内液体 pH 值的变化进行测量，以标准电流信号输出。测定范围宽时，水样不需预处理，色度和浊度对测定结果没有影响，但电极的寿命和重现性尚存在一些问题。

隔膜式氨电极的构造如图 4.49 所示，把 pH 检测用的玻璃电极和氯离子电极构成的内部电极均放入外壳管中，内充液为浓度恒定的氯化铵溶液，用可以透过氨气的高分子材料

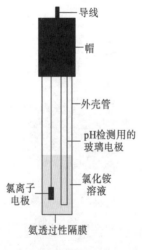

导线
帽
外壳管
pH检测用的玻璃电极
氯化铵溶液
氯离子电极
氨透过性隔膜

图 4.49 隔膜式氨电极

制成的隔膜敷在管端。隔膜式氨电极作为传感器的浓度计，其性能取决于电极的性能，故充分了解电极性能，在仪器的维护管理上尤为重要。隔膜式电极法对氨氮的测量范围为0.02~1000mg/L。由于隔膜易受到污染而失去重复性，须定期更换或清洗。隔膜厚度、孔径、隔膜与内部玻璃电极膜面密贴情况等是影响氨电极响应速度的重要因素。一般而言，响应速度为 2~3min。如果浓度变化幅度过大，从 10mg/L 变化到 0.1mg/L 左右的低浓度，电极电势达到稳定状态，一般需要 10min 的时间。

光度法是在水样中加入能与氨离子产生显色反应的化学试剂,利用分光光度计分析得出氨氮浓度，以靛酚法使用最为广泛，具有操作简便、灵敏度高等特点。试样内加入氢氧化钠溶液并用蒸汽蒸馏，产生的氨被吸收在硫酸或硼酸溶液中，再加入显色试剂次氯酸或酚溶液，然后以 625nm 左右波长测定与铵离子反应所生成的靛酚蓝的吸光度，间接求出氨浓度。此法的测量范围为 0.1~1mg/L。当氨氮浓度超过此范围时，测定前须对样品进行稀释或者浓缩处理。就达到稳定的显色时间而言，氨浓度高时显色快，浓度低时则显色慢。一般在 20~60min 内完成显色反应。水中钙、镁和铁等金属离子，硫化物，醛和酮类，色度和浊度等均可干扰测定，水样需作相应的预处理。

氨氮在线监测仪器首先需要确定荧光监测过程中激发波长和发射波长位置。将氨氮标液加入混合试剂中进行反应，设定发射波长为 426nm，在荧光分光光度计上，扫描测定其激发光谱，扫描范围为 280~580nm，结果表明，激发峰的位置在 366nm，见图 4.50(a)中实线(E_X)。设定激发波长为 366nm，扫描上述样品的荧光发射光谱，光谱扫描范围为380~580nm，结果表明，荧光发射峰的位置在 426nm，见图 4.50(a)虚线(E_M)。图 4.50(b)展示的是，随着氨氮浓度的增大，反应产生的荧光光谱强度也会逐渐增强。由于荧光发射峰在 426nm，因此在该波长处，荧光强度变化最为明显。

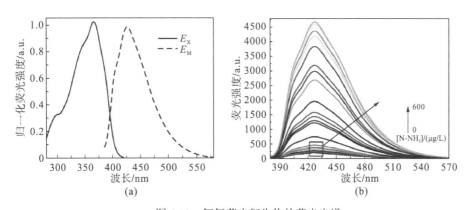

图 4.50　氨氮荧光衍生物的荧光光谱

荧光法测量氨氮是基于氨氮与邻苯二甲醛在碱性条件下，发生反应生成衍生物的基础上进行的，反应的主要试剂为邻苯二甲醛(OPA)，选择硼酸盐缓冲液提供反应需要的碱性环境，选择亚硫酸钠作为反应的增稳增敏剂。参考资料得到三种试剂的最佳配比的混合试剂，通过对比加入不同体积的混合试剂所得到的系统的荧光变化率，确定加入混合试剂的最佳体积。如图 4.51 所示，试验结果表明，当加入的混合试剂体积小于 0.4mL 时，荧光变化率随混合试剂的体积增加而微弱增加，大于 0.4mL 后反而降低。可能原因是混合试剂浓度过高时存在一个荧光的自淬灭过程。最终选择 0.4mL 作为后续试验的加入混合试剂的体积。

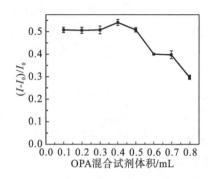

图 4.51　加入混合试剂体积对反应体系的影响

反应条件：氨氮的浓度为 5μg/L

氨氮监测仪器的组成示意图如图 4.52 所示，水样与试剂通过自动进样系统进入循环流路。通过荧光检测系统检测后，由硬件处理系统对激发产生的荧光进行分析与处理，并通过 RS-232 端口将数据上传至 PC 端供用户使用。

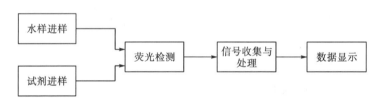

图 4.52　氨氮监测仪器组成示意图

该设备的自动进样系统原理图如图 4.53 所示。自动进样系统用于抽取样品水源和各种试剂。在进样系统中，通过电磁阀、蠕动泵与计时器相结合的方式，实现任意间隔时间水样的采集、定量及试剂混合。先将水样、缓冲试剂配置的邻苯二甲醛和增敏剂亚硫酸钠的 OPA 混合液、纯净水由蠕动泵输送至加热单元。其中，纯净水使用无氨水可以消除试

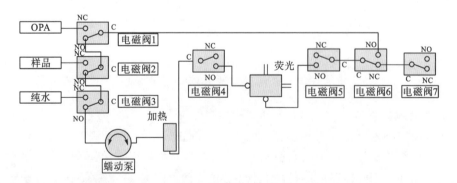

图 4.53　氨氮自动进样系统原理图

验背景中氨氮的影响，以达到清洗仪器和调节仪器基线的目的。混合试剂在加热单元保持50℃左右的温度进行充分反应后，进入荧光比色池中，在 375nm 光电二极管激发光源下测定其在 426nm 处的发射荧光强度，根据荧光强度测定氨氮含量。

氨氮监测系统采用正交式监测光路，其结构如图 4.54 所示。375nm LED 光源发出的光经过透镜准直，375nm 激发光滤光片和透镜聚焦，达到荧光流通池入射光口。被监测混合水样通过溶液流道流经荧光流通池，并被激发光激发发出荧光，由收集透镜收集，然后经过发射光滤光片达到光电倍增管（PMT）收集荧光信号。

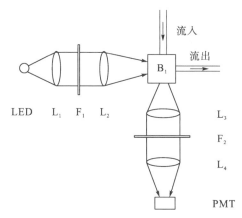

L$_1$，L$_2$，L$_3$，L$_4$. 透镜；F$_1$. 375nm 滤光片；F$_2$. 426nm 滤光片；B$_1$. 荧光流通池；PMT. 光电倍增管

图 4.54　氨氮监测系统结构图

对氨氮标准液进行测试，获取的荧光光强随流程变化过程如图 4.55(a) 所示。对于氨氮而言，其浓度在 0～500μg/L 内，将氨氮的浓度分别设置为 0μg/L、0.1μg/L、1μg/L、5μg/L、10μg/L、50μg/L、100μg/L、150μg/L、200μg/L、300μg/L、350μg/L 和 500μg/L，得到一次线性工作曲线，如图 4.55(b) 所示。当待测水样中氨氮的浓度高于 500μg/L 时，该仪器将自动稀释进入水样。

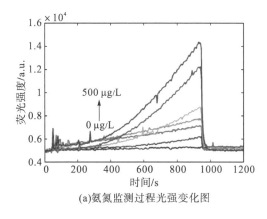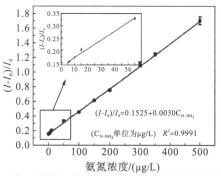

(a) 氨氮监测过程光强变化图　　　　(b) 加入不同浓度的 N-NH$_3$ 后，光强与浓度的线性曲线

图 4.55　氨氮监测仪器运行效果

2. 氨氮在线监测设备的介绍

如图 4.56 所示是德国 WTW 生产的在线氨氮监测仪 TresCon Uno A111。该款在线氨氮监测仪采用氨气敏电极原理，实时在线连续监测氨氮。此在线氨氮监测仪专门为水质监测系统和污水处理厂进行控制和监测污水而设计，是结构紧凑且性价比优良的在线氨氮监测仪。TresCon Uno A111 由 TresCon Uno 单模块在线氮磷分析仪（主机）和氨氮分析模块 OA110（模块）组成，其主要指标见表 4.11。

图 4.56　德国 WTW 生产的 TresCon Uno A111 在线氨氮监测仪

表 4.11　TresCon Uno A111 技术参数

项目	内容	
	标准液 1（高浓度）	标准液 2（高浓度）
测试量程	NH^4-N：0.1～1000mg/L；0.01～71.00mmol/L NH^{4+}：0.1～1280mg/L；0.01～71.00mmol/L	NH^4-N：0.05～10mg/L；0.005～0.71mmol/L NH^{4+}：0.05～12.8mg/L；0.005～0.71mmol/L
分辨率	量程：0.10～10mg/L：0.01mg/L 量程：10.0～100mg/L：0.1mg/L 量程：100～1000/1280mg/L：1mg/L	量程：0.05～10mg/L：0.01mg/L
精确度	±5%测试值±0.2mg/L（<1mg/L NH^4-N） ±5%测试值±0.1mg/L（1.0～100mg/L NH^4-N）	±5%测试值±0.05mg/L（<1mg/L NH^4-N） ±5%测试值±0.1mg/L（1.0～10mg/L NH^4-N）
精度	量程：0.10～10mg/L：0.01mg/L，3% 量程：10.0～100mg/L：0.1mg/L，4% 量程：100～1000/1280mg/L：1mg/L，5%	注：偏离系数与所选的标准液浓度有密切关系
反应时间	<3min	

续表

项目	内容	
	标准液 1(高浓度)	标准液 2(高浓度)
测试间隔	连续、10min、15min、20min、25min、30min 和 60min 可选；或通过触发信号实现间歇运行(2h、4h、6h、12h、24h)	
校正	自动两点校正(AutoCal)，用两瓶标准液，标准液浓度范围为 0.2～500mg/L NH^4-N	
样品消耗和要求	0.3L/h，悬浮颗粒＜50mg/L	
试剂消耗	10L 试剂：与测试间隔有关，当测试间隔为连续/20/30min 时，可用 14/30/50 天，1.5L 标准液 1/2，清洗液 60 天(每 24 小时校正一次)	
保养周期	6 个月以上	
接口	3 组 0/4～20mA 输出，12 组继电器，RS-232，RS-485	
环境条件	贮存温度：−25～60℃；工作温度：0～40℃	
防护等级	IEC 1010-1/EN61010-1，Class1	

图 4.57 是日本岛津公司生产的可根据样品浓度，自动变更稀释率进行氨氮测量的在线监测设备。该设备可在氨氮浓度最大 500mg/L 范围内任意设定量程，根据需求范围，在最合适的量程内进行测量。其性能参数见表 4.12。

表 4.12　NHN-4210 性能参数

项目	内容
测量量程	0.5～500mgN/L(可任意设定)
重复性	C_V3%以内(*)
零点漂移	±3%F_S 以内(*)
标准量程漂移	±5%F_S 以内(*)
测量时间	15min 以内(不包括预处理时间)
测量周期	0.5，1～24h(可设定每小时)
安装环境	5～40℃，湿度 85%以下(不结露)

*表示温度变化在±5℃以内。

武汉新烽光电股份有限公司利用离子选择性电极法生产的氨氮传感器如图 4.58 所示。该传感器由工作电极、参比电极、离子选择膜和电解液组成。待测铵离子可以迁移通过离子选择膜，并发生电荷变化，在工作电极上产生电位，参比电极电位恒定不变。氨氮传感器基于能斯特方程，测量工作电极与参比电极之间的电位差并转换成氨氮浓度，基于电位法测量原理，不受色度和浊度的影响。这款传感器检查氨氮的量程范围是 0.2～100mg/L，误差为±10%，在 3min 内可完成测量。

图 4.57　日本岛津公司生产的在线氨氮分析仪 NHN-4210

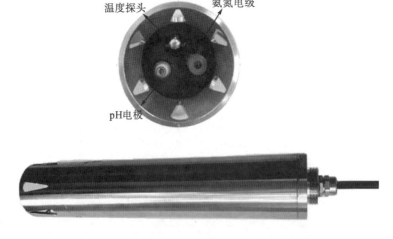

图 4.58　武汉新烽光电股份有限公司生产的在线氨氮传感器

4.1.12　总磷的监测

1. 总磷监测方法的介绍

总磷的监测方法是以《水质　总磷的测定　钼酸铵分光光度法》（GB/T 11893-1989）为基础。各国的总磷自动监测仪只有在水样分解方法和分解速度方面略有不同。主要目的是将含有机磷、聚合磷酸盐的水样经加热、消解，在过硫酸钾的催化下，全部氧化为正磷酸盐。

　　总磷自动监测仪一般采用 120℃ $K_2S_2O_8$ 消解-磷钼蓝光度法、95℃ $K_2S_2O_8$ 紫外消解-磷钼蓝光度法、150℃或 160℃ $K_2S_2O_8$ 消解-流动注射-磷钼蓝光度法、95℃催化紫外线照射电分解-磷钼蓝光度法等。这几种方法的区别主要在于对总磷的消解部分。比如，120℃ $K_2S_2O_8$ 消解-磷钼蓝光度法是取适量水样后，加入 $K_2S_2O_8$ 溶液，在 120℃下加热氧化分解 30min，将水样中含磷化合物转换为正磷酸盐 PO_4^{3-}。$K_2S_2O_8$ 紫外消解-磷钼蓝光度法则是将水样在 95℃下进行紫外线照射，将水样中含磷化合物分解为正磷酸盐。在采用了各种水样消解方法后，被消解的试样冷却至一定温度后，加入抗坏血酸和钼酸铵溶液，进行显色反应。在 880 nm 波长处测量吸光度值，并计算出水中的总磷浓度值。

　　表 4.13 比较了高温高压、紫外以及紫外-加热三种方式对含无机磷和有机磷的混合标准液的消解效果。待消解的溶液由无机磷和有机磷(辛硫磷、氧乐果和敌百虫)混合而成。表 4.13 结果表明，紫外-加热的消解方式与高温高压方式对比，其消解效率超过了高温高压消解结果的 80%。同时，采用紫外-加热这种消解方式需要使用的环境条件与采用高温高压方式所需条件相比，前者所需条件更温和。因此，便携式总磷监测仪多采用紫外-加热的消解方式。

表 4.13　不同消解方式测定结果　　　　　　　(单位：a.u.)

消解方式	A_1	A_2	A_3	$A_{平均}$
高温高压	0.295	0.298	0.302	0.298
紫外	0.089	0.094	0.087	0.090
紫外-加热	0.246	0.239	0.248	0.244

　　采用紫外-加热的方法将含机磷、聚合磷酸盐的水样经加热、紫外消解，在过硫酸钾的催化下，全部氧化为正磷酸盐。消解反应的时间是监测分析中的一个重要参数。配置无机磷和有机磷(辛硫磷、氧乐果和敌百虫)混合标准液，采用紫外和加热相结合的消解方式，表 4.14 对比了不同消解时间对测定结果的影响。结果表明，15min 后消解基本完成。因此，总磷仪器在测定过程中，消解时间一般设定为 15min 足够。

　　总磷监测设备的组成示意图如图 4.59 所示，水样与试剂通过自动进样系统进入循环流路。通过紫外加热消解，经过吸收光检测系统检测后，由硬件处理系统对吸收光信号进行分析与处理，并通过 RS-232 端口将数据上传至 PC 端供用户使用。

表 4.14　不同消解时间测定结果　　　　　　　(单位：a.u.)

消解时间/min	A_1	A_2	A_3	$A_{平均}$
5	0.087	0.092	0.078	0.086
10	0.146	0.153	0.149	0.149
15	0.249	0.250	0.254	0.251
20	0.251	0.254	0.249	0.251

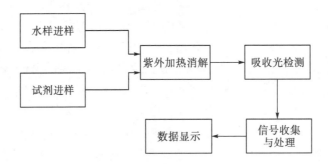

图 4.59　总磷监测设备组成示意图

采用紫外消解方式的总磷监测仪器的示意图如图 4.60 所示。水样品、纯净水、消解剂均按照一定比例,通过三通阀和蠕动泵连接到溶液循环回路。其中对水样进行消解部分,$K_2S_2O_8$ 溶液和 10% H_2SO_4 溶液按一定的比例混合作为氧化剂与样品一起被注入消解系统。消解系统由紫外灯和加热器组成。在弱酸性环境中,水样中各种形态的磷经过消解系统处理,被氧化成正磷酸盐。消解后的试样冷却后,在无氨水载液的携带下与正磷酸盐显色剂和还原剂抗坏血酸在三通阀处混合,三者在试样反应管路中混合均匀,进入分光光度计测定其吸光度,利用磷钼蓝分光光度法进行测定。

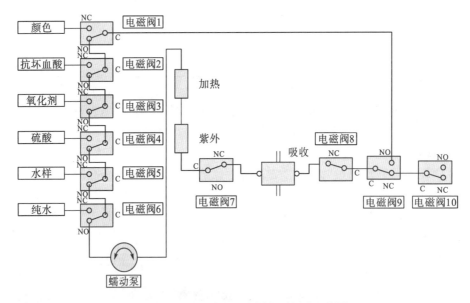

图 4.60　总磷自动进样监测仪器示意图

总磷监测仪器的光路结构如图 4.61 所示。880nm LED 光源发出的光经过透镜准直,880nm 带通滤光片滤光和透镜聚焦,达到吸收光流通池入射光口。被监测水样通过溶液流道流经吸收光流通池,产生的吸收光信号经过透镜收集,达到光电倍增管(PMT)。

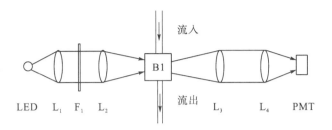

L_1，L_2，L_3，L_4. 透镜；F_1. 880nm 滤光片；B_1. 吸收光流通池；PMT. 光电倍增管

图 4.61　总磷监测仪器光路结构示意图

对总磷标准液进行测试，获取的吸光度随流程变化过程如图 4.62(a)所示。总磷浓度在 0~800ppb 的范围内，将反应条件设置为：混合试剂体积为 0.4mL，总磷的浓度分别为 0μg/L、0.5μg/L、1μg/L、5μg/L、10μg/L、50μg/L、100μg/L、200μg/L、400μg/L、600μg/L 和 800μg/L，可得到一次线性工作曲线，如图 4.62(b)所示。

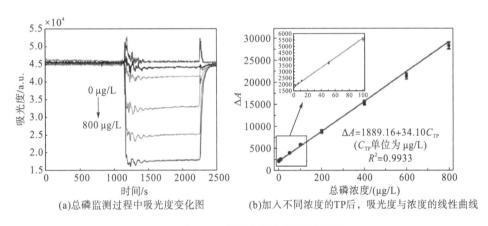

(a)总磷监测过程中吸光度变化图　　　　　(b)加入不同浓度的TP后，吸光度与浓度的线性曲线

图 4.62　总磷监测仪器运行效果

2. 总磷在线监测设备的介绍

图 4.63 是 Phosphax Sigma 总磷测定仪，可进行正磷酸盐/总磷的测定，采用钼蓝法，仅需 10min 左右即可完成监测。该总磷在线分析仪配备样品预处理系统及防护面板，可自校准，自清洗，可图形或数据显示结果。

该仪器特点包含以下几个方面，总磷在线分析/测定仪可自动分析总磷及正磷，并直接显示出含磷缓蚀阻垢剂的浓度；总磷在线分析/测定仪采用符合标准的钼蓝法测量，检出限低，响应速度快，总磷的测定仅需 10min 左右；Phosphax Sigma 总磷测定仪配备 SIGATAX2 样品预处理系统，适用于含悬浮物的水样中总磷的测定；总磷在线分析/测定仪具有自动校准功能、准确度高的优点；总磷在线分析/测定仪具有自动清洗功能，维护量小；总磷在线分析/测定仪配置安全防护面板，有效保护操作人员的安全；总磷的测定结果可以图形或数据显示。其技术指标见表 4.15。

图 4.63   Phosphax Sigma 总磷测定仪

表 4.15   Phosphax Sigma 总磷测定仪的技术参数

项目		内容
测量范围	总磷	0.01～5.0mg/L（以磷计）
	总磷	0.01～10mg/L（高量程）
	正磷酸盐	0.01～5.0mg/L
测量准确度		±2%
测量周期		10min 左右
仪器校准		自动
样品流速		100mL/h
试剂更换周期		3 个月
信号输出		2 路 4～20mA 模拟输出；最大负载 500 Ω；RS-232 可选
通信协议		Modbus 和 Profibus 可选
工作温度		5～40℃
电源要求		220Vac/50Hz

图 4.64 是贝尔分析仪器(大连)有限公司生产的 BTP5300 总磷测定仪，设备采用消解管密闭消解，以过硫酸钾为氧化剂，在 125℃条件下，将样品中的含磷化合物全部转化为磷酸根，再在酸性条件下，正磷酸盐与钼酸铵、酒石酸锑氧钾反应，生成磷钼杂多酸，被还原剂抗坏血酸还原，变成蓝色的络合物，利用比色法比色，经过电脑芯片计算后直接显示总磷含量。

图 4.64　BTP5300 总磷测定仪

该仪器按照《水质　磷酸盐和总磷的测定　连续流动-钼酸铵分光光度法》(HJ 670-2013)标准研发，测定数据准确有效。采用高亮度长寿命冷光源，光学性能极佳，光源寿命长达 10 万小时。消解比色一体，无须换管，测定简单、快速，无安全隐患。可保存标准曲线 60 条及 2000 个测定值(日期、时间、参数和监测数据)。内存标准工作曲线，用户还可以根据需要标定曲线。一键恢复出厂设置，可在误操作导致曲线丢失时快速恢复。具有曲线覆盖干涉功能，防止误操作覆盖曲线；具有数据储存功能和数据断电保护功能，方便查询历史测定数据，防止数据丢失；具有 USB 接口，数据可传输到电脑保存。可选配打印功能，可对测定值进行立即打印或查询历史记录打印。内置超大可充电电池，超长待机，待机时间可达 168h。消解仪采用智能 PID 温度控制技术及双重防超温保护系统，加热安全均匀、速度快。该设备通于 COD、总磷、总氮等项目的消解，其技术参数见表 4.16。

表 4.16　BTP5300 总磷测定仪技术参数

项目	内容
仪器型号	BTP5300
测量方法	《水质　磷酸盐和总磷的测定　连续流动-钼酸铵分光光度法》(HJ 670-2013)
测量量程	0~20mg/L(分段测定)
监测下限	0.02mg/L
消解温度	125℃，30min
分辨率	0.001mg/L
准确度	示值误差不超过 5%

项目	内容
重复性	相对标准偏差不超过 5%
光学稳定性	≤0.001A/20min
仪器尺寸	2800mA 可充电电源
电源	AC（220V±5%），50Hz
环境温度	5~40℃

图 4.65 是武汉新烽光电股份有限公司生产的一款总磷监测仪器。该款设备采用多通道联体阀和高精度注射泵组成高精度计量系统，单片机精确控制，具有故障率低，运行费用低等特点。仪器的测量范围可在 0.01~1.4mg/L、0.1~10mg/L 或 1~90mg/L 内，供用户选择。测量精度可达到±5%，重复性可达到±0.05mg/L。

图 4.65   武汉新烽光电股份有限公司生产的总磷监测仪器

4.2   水生态监测仪器

4.2.1   叶绿素 a 的监测

1. 叶绿素 a 监测方法的介绍

叶绿素 a 的测定方法主要有分光光度法和荧光分析法。分光光度法灵敏度较差，存在其他色素干扰的问题，现在多用荧光分析法。测定时，先用滤膜过滤水，使水中含活体叶绿素的各种浮游植物保留在滤膜上，再用适当的溶剂将叶绿素萃取出来，然后利用叶绿素 a 所具有的天然荧光进行测定[66]。

叶绿素 a 测量系统示意图如图 4.66 所示。它由激发、传输荧光的光学系统和探测、处理荧光信号的电子学系统组成。

由于叶绿素 a 含量较低，因此需要保证激发光信号强度足以实现最低限浓度下叶绿素 a 荧光信号的有效激发，但是长时间强光照射又会导致叶绿素 a 的降解，因此需要选择合适的照射方式。接收光路需要具有较高的灵敏度，因为即使是强光下激发的叶绿素 a 荧光信号，其信号值依然非常小，所以接收光路的高灵敏度可以保证最低限荧光信号得以被接收，从而保证整个系统设计的有效性。

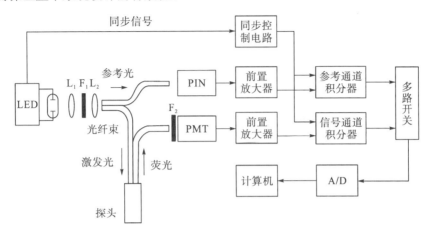

图 4.66　叶绿素 a 测量系统示意图

整个光学通路结构比较紧凑，采用低功耗、高强度的 LED 灯作为激发光源，能量输出峰值在紫外区域，激发波长定为 420nm。由于 LED 产生的光源具有发散性，因此激发光源需要经过准直和聚焦透镜（L_1，L_2）及激发滤光片（F_1）聚焦和滤光，使产生的光强能耦合进入石英光纤束。经石英光纤分束器分为两路，一路作为参考光信号通过光纤到达光电二极管（PIN）；另一路通过光纤传至探头端，激发水中的叶绿素 a 产生荧光，如此能最大限度地利用 LED 产生的发光强度。

为了有效地分离被激发光照射的水体植物分泌的叶绿素 a 产生的荧光和激发光的散射光，采用高阻塞系数的干涉滤光片作光谱滤光。激发滤光片 F_1 的中心波长为 420nm，带宽 100nm；荧光发射滤光片 F_2 的中心波长为 685nm，带宽 10nm，它确保了光电倍增管所接收到的光通量为叶绿素 a 所产生的荧光，有效地克服水中固有荧光的干扰。

由于激发光强度有较大的起伏，对测量结果影响较大。因此，采用双光路双通道测量方式。PIN 硅光电二极管接收脉冲 LED 灯的微小部分发光强度作为参考信号，光电倍增管将微弱荧光信号转变为电信号，两路电信号分别通过特性相同的两积分器（增益不同），然后经除法等运算完成归一化处理，有效地消除激发光强度的起伏对测量结果的影响。两积分器的输出分别与激发光强度和叶绿素 a 浓度相对应。对数据进行相应运算处理，根据测量系统的工作曲线换算叶绿素 a 的浓度值。

在叶绿素 a 监测仪器的发光元件控制电路中，发光电路由恒流源和发射波长为 420nm 的发光二极管组成。仪器采用的恒流源是一种三端可调电流源，其作用是为发光二极管提供一个恒定不变的电流，使光源强度保持稳定。仪器发光元件控制电路如图 4.67 所示。

由于叶绿素 a 本身含量较低，因此仪器需要使用光电转化电路（图 4.68），以保证最低限浓度下叶绿素 a 荧光信号的有效激发光可被接收。因为即使是强光下激发的叶绿素 a 荧光信号，其信号值依然非常小，所以接收光路的高灵敏度可以保证最低限荧光信号被接收，从而保证整个系统设计的有效性。

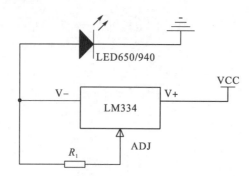

图 4.67　叶绿素 a 监测仪器中的发光元件控制电路

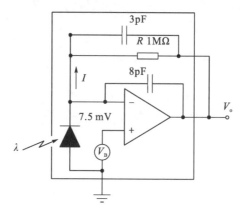

图 4.68　叶绿素 a 仪器中的光电转化电路

使用叶绿素 a 仪器进行校准测试过程中，配置浓度分别是 0mg/L、5mg/L、20mg/L 和 40mg/L 叶绿素 a 标准液，仪器测量的结果见表 4.17。由表 4.17 可知，该款叶绿素 a 仪器的测量结果符合预期，达到了设计要求。

表 4.17　叶绿素 a 校准测量结果

标准液浓度 /(mg/L)	测量 1 /(mg/L)	测量 2 /(mg/L)	测量 3 /(mg/L)	平均值 /(mg/L)	误差/%
0	0.02	0.1	0.06	0.06	/
5	4.95	4.86	5.11	4.97	0.6
20	21.23	22.38	19.66	21.09	4.14
40	41.28	38.96	39.06	39.76	0.6

2. 叶绿素 a 在线监测设备的介绍

图 4.69 是法国 AWA 公司生产的叶绿素 a 在线监测仪(CX1000-7000 系列)，其测量方法基于荧光原理，当光线以一个特定的波长射出(激发态)透过某些化学物质时，这些物质会再反射出一种波长更长的荧光(发射态)。仪器中的光电倍增器可以监测到这种荧光，叶绿素 a 在线监测仪即利用化学物质这种特性而设计。仪器量程范围为 0～100μg/L，准确性达 10%，重复性为 ±0.5μg/L。

图 4.69　法国 AWA 公司生产的叶绿素 a 监测仪(CX1000-7000 系列)

仪器具有以下几个方面的特点：①模块设计应用组合模式，每台仪器附有 4 个输入模块，可以同时测量和显示的参数多达 8 个，如温度、pH、浊度、溶解氧、电导率、悬浮物等。这是该仪器独有的配置，用户可避免购买多台仪器，降低成本。②氙灯光源，紫外氙灯闪烁次数寿命可达 109 次，若按每秒测量一次，其寿命将超过 10 年，光源灯的稳定性大大地消减了维护工作量和运作费用，也降低了由于灯的寿命或更换光源灯所造成的测量失误和故障的风险。③蠕动泵取样，用户可选择安装一台内置蠕动泵，直接从江河、湖泊、水库或者开口的管道取样，最大取样高程为 6m。该蠕动泵附有一个可以防止大颗粒悬浮物进入分析仪的过滤装置，故一般水样无须做前期过滤处理，只需定期更换蠕动泵管(硅胶)管子。此蠕动泵的泵头设计也非常便于更换管子。④数据通信下载，各种数据的通信连接，在 UVpcx 和其他过程控制设备之间相当容易互相连接，这些过程控制设备有计量泵、阀门、报警器、PLC、SCADA、手提计算机、调制解调器和系统等。⑤多路配置，做多路配置时，4 个继电器可以用来控制外部的电磁阀泵，以便测量第 2、3、4 路的水样，就像一个水处理工厂的进口和出口一样。⑥自动清洗系统，每台仪器都有自动清洗系统。系统基本校订一天自动清洗一次，使用低廉的清洗溶液(即 5%硫酸溶液)自动注入样品流通池中进行清洗。也可同时执行自动调零工作。附有一个内置的 2L 容器，只需每两周补充一次即可。容器中的清洗溶液用完时，会发出一个报警信号。清洗的次数可按需要而增加或减少。⑦防冻反冲洗系统。在取样系统中设置反冲洗系统，能够确保在测量完成后，将测量流通池和取样管中残留的任何溶液抽空，防止在天气寒冷时出现溶液体结冻、破坏水路的情况。

美国 AMI 公司生产的 FluoroQuik 手持式荧光仪可测量海洋、湖泊、水库、养殖水、污水等的叶绿素 a 和蓝绿藻含量，适用于水体中的初级生产力、藻华(水华)、赤潮、遥感等调查研究，如图 4.70 所示。分析原理为叶绿素 a 和蓝绿藻经特定波长的光激发可产生稳定荧光，通过监测荧光信号的强弱来计算水样中叶绿素 a 和蓝绿藻的含量。此外，仪器可内置双通道光学组件，可同时进行活体叶绿素和萃取叶绿素分析，或进行叶绿素和蓝绿藻测量。此仪器轻便耐用、操作简单，既可以使用直流电源又可以使用电池，是实验室或野外快速分析的理想工具。FluoroQuik 手持式荧光仪存储多达 3×80 个测量数据，可安装中文版的程序菜单，触屏操作，十分简便。

武汉新烽光电股份有限公司利用荧光监测技术生产的叶绿素 a 传感器如图 4.71 所示。该传感器具有灵敏度高、选择性好和快速测量、样品无须处理和萃取、无破坏性、无试剂、无污染的特点。叶绿素 a 监测范围达到 0~400.0μg/L，分辨率为 0.01μg/L。

图 4.70　美国 AMI 公司生产的 FluoroQuik　　　　图 4.71　武汉新烽光电股份有限公司生产
手持式荧光仪　　　　　　　　　　　　　　的叶绿素 a 传感器

4.2.2　微囊藻毒素的监测

对于微囊藻毒素的监测，气相色谱-质谱(GC-MS)或高效液相色谱-质谱(HPLC- MS)联用技术是标准的监测方法，但样品制备过程复杂、耗时长，需要专业技术人员操作，监测费用很高。因此，此两种方法在微囊藻毒素在线监测设备的开发方面并不适用。为缩短监测时间，简化监测流程，适应野外环境，基于微型液相色谱监测技术和表面等离子体共振监测技术开发的原位藻毒素在线监测仪器应运而生。

1. 基于微型液相色谱监测技术的原位藻毒素在线监测仪器

高效液相色谱(HPLC)法是国际相关机构推荐的主要的藻毒素监测方法。因此，如果能在 HPLC 法的基础上，简化仪器元件，优化结构设计，固化监测条件，开发专用于藻毒素监测的小型 HPLC 仪器系统，将满足大部分机构的藻毒素快速监测的需求。

图 4.72 展示的是华东理工大学开发的一款基于液相色谱原理设计的在线微囊藻毒素监测仪的监测方案示意图，该监测仪可实现水中微囊藻毒素在线监测与实时上报监测结果。系统包括在线样品过滤装置、自唤醒高压输液泵、在线自动进样装置、色谱柱、紫外检测器、仪器控制平台及在线微囊藻毒素专用分析软件等几部分。系统通过样品选择阀选择标准样品或实际样品，通过进样泵输送到自动进样阀定量环中，切换阀状态到进样状态，流动相携带标样或样品进入色谱柱中，将藻毒素与其他杂质分离，按设定好的色谱条件，监测微囊藻毒素含量。相较于传统的 HPLC 来说，其技术关键在于检出能力的提高与仪器的远程控制化集成。

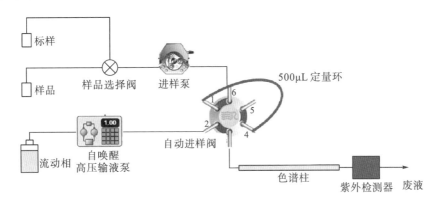

图 4.72　基于液相色谱原理开发的微囊藻毒素监测方案示意图

微型化的微囊藻毒素专用色谱柱是开发微型液相色谱监测技术仪器的重点。主要优化方面在于开发或选取合适的色谱柱(包括对填料、孔径、比表面积和含碳量等色谱参数的改进)、色谱柱长度以及保护柱的安装。

Venusil XBP-C18(L)高效液相色谱柱是一种适用性好且性能优异的色谱柱。该色谱柱采用高纯球形美国进口硅胶微粒、新型表面改性技术以及独特的键合工艺制备而成，在选择性、稳定性、通用性等方面均表现出卓越的性能。通过对孔径、比表面积和含碳量等色谱参数的优化可以构建良好的保留、分离、耐污染关系。此外，它还是一款通用性极强的色谱柱，能解决大部分样品的分离问题，柱寿命超长，方法耐受性强，并且可以在较宽松的 pH 条件下使用，同时还具有较高的稳定性。因此，Venusil XBP-C18(L)适用于水中微囊藻毒素监测及复杂样品分析。

选用柱长较短的高效液相色谱柱可降低由色谱柱带来的系统压力，缩短分析时间，减小色谱峰宽，提高色谱峰高和降低检出限等。同时，增加色谱柱保护柱，能长期有效地保护色谱柱的柱效和使用寿命。保护柱内径及填料与色谱柱完全一致，可以有效避免因保护柱与色谱柱特性的差异影响色谱峰形及监测结果。

富集技术也可以结合在色谱柱前端以达到提高仪器的检出能力的目的。在对柱长较短的 4.6mm×150mm Venusil XBP-C18(L)型色谱柱采用外界保护柱后，再对其结合大体积进样环富集技术，可达到最低检出 1μg/L 浓度的藻毒素样品的能力。

通过自动进样泵与多通阀门的转换及系统自动控制可以实现仪器启动、柱平衡、样品监测、柱清洗和数据传输的全部自动化，并可实现原位藻毒素的快速监测。仪器可以通过加装上通信设备结合在线分析控制软件的远程控制达到在线监测与远程控制管理的目的。图 4.73 是一款在线微量藻毒素专用分析软件的界面。该软件通过远程唤醒，通过预先设置好的系统操作流程色谱条件，分步控制各模块，实现采集监测数据，并通过监测数据自动判别监测结果，传输到中心控制系统中。

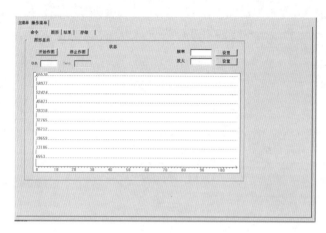

图 4.73　藻毒素分析仪器软件界面

表 4.18 是该款基于微型液相色谱监测技术开发的原位藻毒素在线监测仪器的测试结果。其对标准样品测试保留时间为 8.3～8.5s，最低测试浓度为 1μg/L，峰效果明显，如图 4.74 所示。

表 4.18　仪器性能测试结果

浓度(μg/L)	次数/次	保留时间/s	峰面积/a.u.	峰面积平均值/a.u.
1	5	8.425	6.614	5.156
		8.452	4.402	
		8.449	5.466	
		8.423	3.991	
		8.442	5.308	
2	5	8.426	6.059	9.966
		8.414	11.447	
		8.416	10.080	
		8.425	8.856	
		8.450	9.481	
5	4	8.433	13.782	14.196
		8.442	13.765	
		8.425	15.467	
		8.417	13.770	
10	3	8.417	5.610	8.633
		8.390	9.828	
		8.399	10.461	

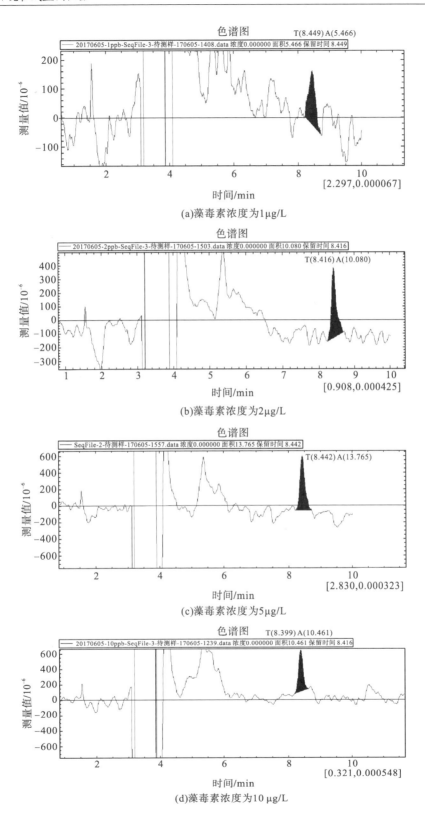

图 4.74　不同浓度藻毒素测试结果

2. 基于表面等离子体共振监测技术的原位藻毒素在线监测仪器

常规使用的高效液相色谱、酶联免疫技术等用于监测 MC-LR 的方法普遍存在操作复杂、要求高、价格高等缺点。而表面等离子体共振监测技术具有操作简单、监测快速的优势，在原位藻毒素在线监测仪器方面得到较快发展。

表面等离子共振监测一般可分为四种：角度调制式、波长调制式、强度调制式以及相位调制式。简要来说，角度调制式是固定监测光的入射波长，通过改变其入射角来收集信号；波长调制式是固定监测光的入射角后，通过改变其入射波长来收集信号；强度调制式是通过固定监测光的入射角与入射波长来收集强度变化；相位调制式是通过固定监测光的入射角与入射波长收集入射光的相位信息变化。其中相位调制式的表面等离子共振相对而言具有更高灵敏度。

相位监测通常需要一束参考光和一束信号光的干涉来进行，可以通过三种方式，分别是光学外差法、极化偏振法和光学干涉法。迈克尔逊干涉系统是一种较为常见的用于相位监测的系统。因此本书以具高灵敏度优势的基于迈克尔逊干涉系统的相位调制式表面等离子体共振的在线监测仪器为例进行介绍。

基于表面等离子体共振监测系统开发的微囊藻毒素监测仪由一系列电磁阀和蠕动泵构成（图 4.75）。通过电磁阀、蠕动泵实现任意间隔时间水样的采集、定量和试剂的使用。水体经过过滤装置后，进入光电监测系统的监测通道。光电监测系统由相位调制式表面等离子体共振监测系统构成。白光光源经过干涉仪产生干涉效果后，经过 50%：50% 的偏振分束镜后分别进入监测通道和参考通道。监测通道含有传感芯片，传感芯片采用原位聚合法制作，具有分子印迹膜，用于捕获水样中的微囊藻毒素-LR。

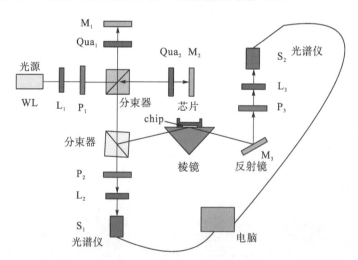

图 4.75   基于相位调制式表面等离子体共振监测系统开发的微囊藻毒素的监测方案示意图

光电探测器不能直接记录光的相位信息，但是可以记录光的干涉条纹。与光学外差法和极化偏振法不同，干涉测量法是同一列偏振光波经过不同的空间，最后又汇聚到一起产生的干涉。当两列波同时存在于某一区域内时，在它们的交叠区内每点振动时各列波单独在该点产生振动的合成,这是波的叠加原理。因波的叠加而引起的强度重新分布的现象叫波的干涉,产生干涉有三个必要的条件:①频率相同;②存在互相平行的振动分量;③位相差恒定。干涉测量法可以用物理原理进行描述,光束 1 和光束 2 定义为

$$E_1 = A_1 \cos(k_1 r + \omega t + \phi_1) \tag{4.7}$$

$$E_2 = A_2 \cos(k_2 r + \omega t + \phi_2) \tag{4.8}$$

两束光干涉后,发光强度可以表示为

$$I = (E_1 + E_2)(E_1 + E_2)^* = A_1^2 + A_2^2 + 2A_1 A_2 \cos\left[(k_2 - k_1)r + \phi_2 - \phi_1\right] \tag{4.9}$$

由式(4.9)可以看出,光束 1 和光束 2 干涉后的发光强度与波矢量 k_1、k_2、位置矢量 r 和初相位差 $\phi_2 - \phi_1$ 的大小有关。当干涉光的相位 $(k_2 - k_1)r + \phi_2 - \phi_1$ 因表面等离子共振(surface plasmon resonance,SPR)效应而产生附加的相移时,干涉条纹的分布就会发生移动。对干涉图像进行处理和分析,就可以从移动的干涉条纹中提取出附加的相位差,进一步可以得出待测物折射率的变化信息。干涉测量法可以直观地从干涉图像的变化中看到相位偏移,并且实时性非常高,但对于精细的干涉条纹而言,环境的微小振动都会给干涉图像的稳定性带来巨大的影响。改进的附加光程调制的干涉法可以有效提高干涉图像的稳定性,在时间上调制一个光的光程,从而改变相应的相位。附加调制后的发光强度可以表示为

$$I = (E_1 + E_2)(E_1 + E_2)^* = A_1^2 + A_2^2 + 2A_1 A_2 \cos\left[(k_2 - k_1)r + \phi_2 - \phi_1 + \phi_m\right] \tag{4.10}$$

这种改进的调制方法在空间上取一点作为探测点,$(k_2 - k_1)r$ 是一个常量,当光束 1 和光束 2 均没有经过 SPR 传感面时,从干涉图像中提取出的相位值是 $\phi_2 - \phi_1$;当其中一束光引入光程的变化后,从干涉图像中提取出的相位值是 $\phi_2 - \phi_1 + \phi_\Delta$。当样品折射率发生改变时,P 偏振光由于 SPR 效应相位会发生变化,从干涉图像中提取出的相位值是 $\phi_2 - \phi_1 + \phi_{\mathrm{SPR}}$,由于 $\phi_2 - \phi_1$ 是固定值,所以可以得出 SPR 相位漂移的变化,从而可以推算出样品折射率变化。

SPR 效应只对 P 偏振光有影响,而 S 偏振光基本无变化。但是在实际应用中,引入 S 偏振光,可以通过差分法将环境的微小振动消除。因此,S 偏振光作为参考光可以达到更高的监测分辨率要求。

如图 4.76 所示的监测试验系统的入射光路中,中心波长为 600nm 的白光 LED 经过与光轴成 45° 角度放置的线性偏振片,同时产生 P 偏振光和 S 偏振光。然后,入射光两次经过偏振分束镜及四分之一波片,以及可移动反射镜反射后,P 偏振光和 S 偏振光分别产生自干涉。然后,P 偏振光和 S 偏振光的干涉光再经过第二个分束器分别进入参考通道光和监测通道光。参考通道和监测通道各放置有一个线性偏振片,分别用于提取 S 偏振光和 P 偏振光。监测通道的 P 偏振光以 70~75° 经过棱镜,并激发芯片产生 SPR 效应,用于待测物的监测。监测通道和参考通道的发光强度及相位改变都与反射系数相关。监测通道与参考通道的光谱仪分别收集到各自通道的光谱信息后,经过傅里叶变换,获取相位信息,其折射率监测限可达到 $9.46 \times 10^{-7}\,\mathrm{RIU}$(RIU 为折射率单位)。

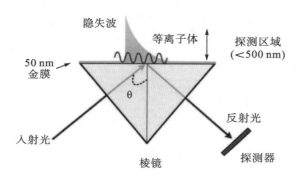

图 4.76　表面等离子体共振现象

表面等离子共振监测仪器监测的本质是测试金膜附近环境的折射率变化。因此要实现对微囊藻毒素的监测，需要依托其他技术才能使芯片对微囊藻毒素的特异性结合有所反应。其中，分子印迹膜技术是一种常用手段。分子印迹膜技术是指以某一种特定的目标分子作为模板，合成对其具有特异性选择结合能力的聚合物的过程。其与目标物结合的作用有：共价键作用、非共价键作用、金属螯合作用以及多种作用相互协同。因此通过分子印迹膜技术合成的分子印迹膜具有高的选择性和特异性。分子印迹膜是聚合物的特性，具有良好的稳定性、抗干扰能力以及寿命长等优点。利用分子印迹膜结合目标物前后孔隙处折射率以及分子量的变化，可以将分子印迹膜与 SPR 芯片的金膜结合使用，从而实现对目标物的浓度监测。并且利用洗脱液进行洗脱后，能够实现分子印迹膜再生，从而达到可重复利用的效果。

目前金膜表面分子印迹聚合物的合成方法主要有本体聚合、分散聚合以及原位聚合等。本体聚合法修饰金膜是先将模板分子、功能单体以及交联剂聚合后，再进行颗粒化，通过涂抹等方式修饰到金膜表面，最后进行模板分子的洗脱。分散聚合法修饰金膜是将模板分子、功能单体以及交联剂混合于有机溶剂后，加入水中搅拌进行乳化，之后加入聚合反应引发剂引发聚合，得到球形分子印迹聚合物之后，也同样通过涂抹等方式修饰到金膜表面，最后进行模板分子的洗脱。这两种方法都是先合成聚合物之后再修饰到金膜表面，所制得的金膜上的印迹膜厚度一般比较大，容易形成扩散的壁垒，使得目标分子在印迹膜中传质受阻，进而影响传感器的灵敏度和监测速度。而原位聚合法是通过现在金膜表面修饰上同样可参与聚合的基团，然后与引发剂、交联剂以及预聚合后的模板分子、致孔剂(溶液)和功能单体进行直接聚合，之后再进行模板分子的洗脱。其聚合反应直接在金膜上进行，因此该方法在金膜上修饰的印迹膜的厚度能够更好地控制，具有更好的性能。

原位聚合法制作具有分子印迹膜的芯片流程：首先是芯片的预处理过程。镀金的玻璃片使用丙酮、乙醇、超纯水依次清洗，氮气吹干，再使用氧气等离子体清洗机清洗 3min 后，浸入十一烷酸硫醇的乙醇溶液中室温过夜，其中十一烷酸硫醇一端的巯基通过金巯键与金结合，另一端的羟基待后续与分子印迹膜结合。浸泡完成后取出芯片，使用乙醇、超纯水依次清洗，氮气吹干，完成芯片的预处理步骤。整个合成步骤如图 4.77 所示。

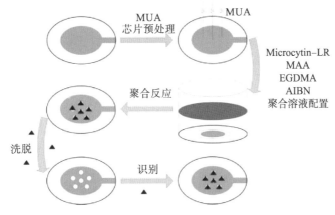

图 4.77 分子印迹膜合成步骤示意图

参考通道用于校准，降低噪声对测量的影响。传感芯片捕获到微囊藻毒素-LR 后，将改变监测通道的光谱信号。监测通道和参考通道的光谱仪分别收集到各自通道的光谱信息后，经过傅里叶变换，获取相位信息。经过等离子体共振监测系统获得的光谱相位信息经过信号模块处理，根据标准曲线计算微囊藻毒素浓度。待监测结束，清洗装置依次使用洗脱液和 NaOH 溶液对芯片进行洗脱和再生。

此外，芯片的特异性与再生能力也是衡量芯片的重要指标。常用仪器对同浓度的微囊藻毒素-LR 的异构体微囊藻毒素-RR、微囊藻毒素-YR 的响应信号来判断芯片的特异性能力。对同一芯片进行监测与洗脱的重复过程验证其再生能力，通常通过重复过程 10 次以上进行判断。

图 4.78 是该迈克尔逊干涉系统的表面等离子体共振监测仪的自动进样系统示意图。在进样系统中，通过电磁阀、蠕动泵实现任意间隔时间水样的采集、定量和试剂的使用。先将水样由蠕动泵输送至表面等离子体共振监测系统进行监测。待监测结束后，再依次使用洗脱液和 NaOH 溶液对芯片进行洗脱和再生，进而实现芯片的重复使用。

仪器的监测设备主要由电源模块、监测系统、进样系统和信号处理模块构成。ARM 控制器可对各部分系统进行控制，实现样品的进样及监测、信号采集与处理、串口通信等多个功能，如图 4.79 所示。仪器的程序流程图如图 4.80 所示，图 4.81 展示的是监测 8μg/L 微囊藻毒素-LR 的信号变化图。

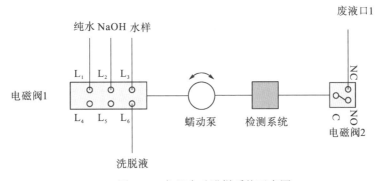

图 4.78 仪器自动进样系统示意图

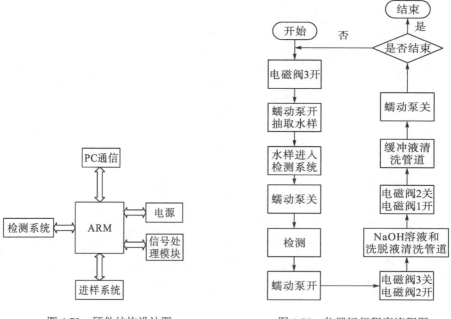

图 4.79　硬件结构设计图　　　　　　　图 4.80　仪器运行程序流程图

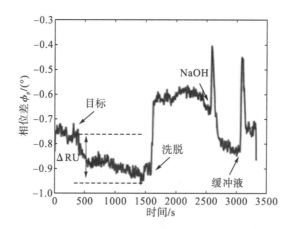

图 4.81　典型的测量微囊藻毒素-LR 的信号变化图

4.2.3　生物综合毒性的监测

　　发光细菌法借助光电测量系统测定菌体发光光强,污染物进入水环境后影响细菌新陈代谢,进而使发光菌的自身细胞活性下降,发光细菌的发光强度最终也下降。在特定有毒污染物浓度范围内,其浓度高低与发光菌的发光强度呈剂量-效应关系,发光细菌生物监测是一种反应迅速、灵敏度高、相关性高的生物毒性监测方法。常用于水体毒性监测的发光细菌包括费氏弧菌、明亮发光杆菌和青海弧菌。

　　在使用发光细菌法进行毒性评估时，目前一般实验室只具备普通的发光菌光子监测仪器，样品与发光细菌的混合由试验人员手动完成，计时也由试验人员完成。由于发光细菌的发光强度在自然条件下就有缓慢的衰减，在较长时间的试验过程中，会带来一定的系统误差，同时人工操作也会带来一定的系统误差。此外，不同批次的发光细菌的发光强度有明显差异，人工修正过程复杂，难以快速获得准确的结果，并且在处理较高毒性样品时，不易准确获取反应初始阶段的详细数据。由于自动化操作的水质综合毒性监测仪器具有可以延长菌剂的维护周期、减少人工干预、支持系统集成、扩大仪器的应用范围，并满足水质综合毒性现场监测的需求等优势，得到了一定的发展。

　　生物综合毒性仪器通常以费氏弧菌为指示生物，先利用光电探测器收集光信号并实现光电转换，然后经过放大电路将电信号发大，最后通过数据采集电路对信号进行采集、处理并进行稳定性评估。

　　生物综合毒性仪器的设计原理及实物图如图 4.82 所示。其中监测系统主要由监测池、汇聚透镜和光电倍增管组成；控制系统由温控系统、流路控制系统和信号采集系统组成。该仪器系统工作原理：蠕动泵抽取 AmL 费氏弧菌和 BmL 2% NaCl 纯水（$A+B$=0.3mL，A、B 的比例由当次培养的费氏弧菌发光强度决定，应使 AmL 的费氏弧菌和 BmL 的 2%NaCl 溶液充分混合后，溶液的发光强度为 1200~3000mV）和 0.3mL 的被测样品进入监测通道，接着由空气推送到监测系统 1 的自制比色皿。重复上述过程，被测样品由 2% NaCl 溶液替代，抽取到参考通道，后由空气推送到监测系统 2 的自制比色皿。然后进行光电信号监测，将采集的数据保存到系统硬盘并计算当次监测的抑制率，判断被测样品的综合毒性。

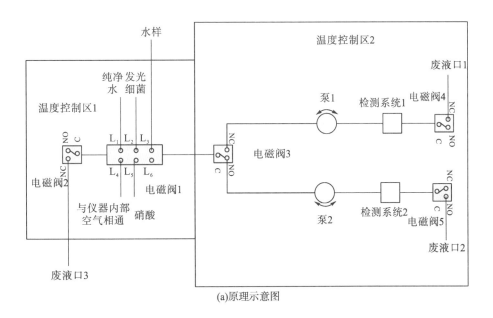

(a)原理示意图

(b) 仪器内部图　　　　　　　　(c) 仪器外观图

图 4.82　生物综合毒性仪器

　　监测系统主要由光电倍增管及相应的采集电路构成。光电倍增管选用滨松 H11462-031，该款电倍增管模块包含一个直径为 28mm 的侧窗型光电倍增管、一个高压电源和一个低噪声放大器。光谱相应范围为 185～900nm，峰值波长为 450nm，光照灵敏度为 5×10^9V/lm，工作温度为 5～50℃。

　　信号采集系统主要由 2 路温度采集 A/D 转换、2 路光电倍增管采集 A/D 转换组成。系统功能的实现流程是：电源开启后，系统功能初始化，开始采集外部由电位器分压得到的电压信号。该电压信号经过预处理后通过设置的 I/O 口与芯片的 A/D 转换接口相连接。经过 A/D 转换后，由芯片内部数据传输模块(DMA)把数据传给 CPU 进行相应的处理，输出相应的控制信号，其工作流程如图 4.83 所示。

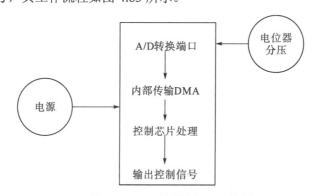

图 4.83　A/D 控制芯片工作流程

　　控制系统主要由流路控制系统、温度控制系统和信号采集系统构成。

　　流路控制系统由继电器控制电磁阀开关实现流路的切换。需要抽取某种溶液时，打开对应的继电器给电磁阀供电，打开电磁阀，蠕动泵抽取该溶液，同样通过选择对应的流路电磁阀开关选择对应的流通通道。

　　温度控制系统由温度传感器芯片、半导体制冷(TEC)芯片和 A/D 采集构成，采集传感器芯片的温度电压，利用 A/D 转换成数字信号，然后通过传感器电压对应的温度公式计算温度，如果所获得的温度高于系统预设的温度上限，那么给半导体制冷芯片提供正向电压，半导体制冷芯片工作在制冷模式，降低空间的温度；同理，如果采集到的温度低于系统预设的温度值，给半导体制冷芯片提供反向电压，半导体制冷芯片工作在加热模式，提高空间的温度。

光电型综合毒性监测仪的软件结构分为下位机软件和上位机软件两个部分（图 4.84）。上位机软件主要包括窗口主程序、串口通信、曲线绘制和数据存储程序等。下位机软件主要包括流程控制程序、A/D 驱动、PMT 采集、温度控制、数据处理、数据存储等。软件的设计采用模块化编写，按流程控制。

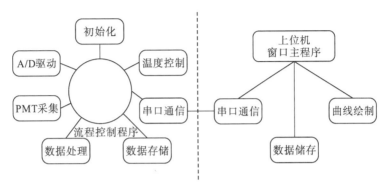

图 4.84　软件系统框架图

下位机软件的主要功能为：MCU 控制各功能模块，按照用户的操作和需求，完成监测任务并显示、储存、上传数据。代码大部分用 C 语言编写，少量与硬件相关的底层操作用汇编语言编写。下位机流程图如图 4.85 所示。

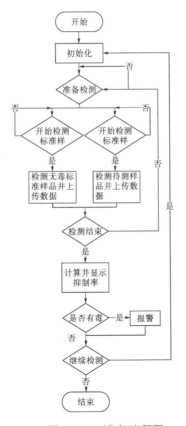

图 4.85　下位机流程图

光电型综合毒性监测仪的软件流程是面向用户操作来编写的。首先程序初始化各功能模块的驱动程序,包括 MCU 的 I/O 端口设置,以及 A/D 转换芯片、数字电位器、液晶驱动芯片、串口通信芯片和数据存储芯片的接口定义设置。初始化以后,程序等待用户的操作,在得到准备操作的命令后,启动信号获取模块的工作,包括光电倍增管、数字电位器、A/D 转换器等部分。监测过程中发光强度显示在显示器上,通过串口实时发送到上位机。监测结束后计算待测样品中物质对发光的抑制率并显示出来,通过与预设的限定值进行比较,判断毒性是否超标,若超标则亮灯报警。

上位机软件的绘图程序调用了微软基础类库提供的 MSChart 控件。软件的绘图部分可实时地将接收到的下位机的数据绘制成曲线并显示出来。可设置 MSChart 控件的属性实现画图程序的初始化。通过串口程序读取从下位机上传的数据,实时地送到 MSChart 控件,实现实时绘图。绘制出响应曲线可用于直观地分析数据。数据的存储部分是将下位机上传的数据保存下来。数据存储既包括实时上传的数据,也包含从下位机上传的批量历史数据。数据被存储到指定的目录。软件界面如图 4.86 所示。

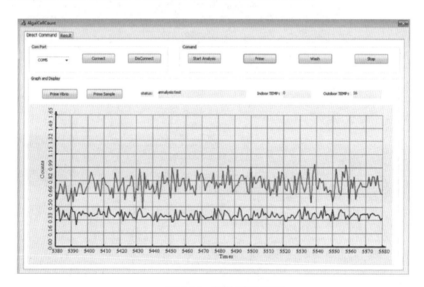

图 4.86 软件系统界面

运用该系统对 0.05mg/L 汞离子进行监测。测试试验图如图 4.87 所示。其中实线表示参考通道,虚线表示监测通道,由于参考通道溶液先与监测通道溶液推入监测池,所以实线上升段快于虚线。同样,15min 后监测结束,参考通道先于监测通道清洗,下降段也是实线先于虚线。实线和虚线上分别有两个黑点,表示试验过程中选取的记录时间对应的数据点,前面点代表测试开始点,也是发光细菌、稀释液、待测液体全部推入监测池后充分混合的时刻,分别记为 Y_{A1}、Y_{B1};后面两个点分别代表间隔 15min 后对应的溶液发光强度,分别记为 Y_{A2}、Y_{B2}。双通道监测中,每次监测都有参考样,这样消除了由于细菌的变化而引入的监测误差。

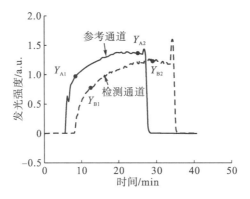

图 4.87　汞离子测试试验图

抑制率 A 可由式(4.11)表示

$$A = \frac{\dfrac{Y_{B2} - Y_{B1}}{Y_{A2} - Y_{A1}}}{Y_{B1}} \times 100\% \tag{4.11}$$

式中，Y_{A1}、Y_{B1}、Y_{A2}、Y_{B2} 分别代表各时间点对应的发光强度。

依次用该系统测试不同浓度的汞离子，可获得如图 4.88 所示的该系统对汞离子抑制率的标准曲线。

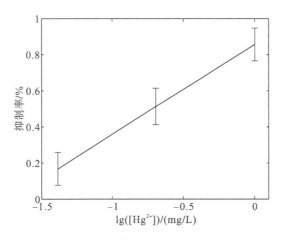

图 4.88　汞离子(Hg^{2+})不同浓度发光抑制率拟合曲线

4.2.4　藻细胞的监测

流式细胞仪是常见的藻细胞计数仪器，价格昂贵。常规的显微镜可以实现藻细胞成像，然后使用计数板对细胞进行计数。但是，这两种方法均不具备对藻细胞在线识别和计数的能力。

藻细胞在线监测设备需要融合暗视场成像技术和图像识别算法技术。藻细胞由于低灰度和亮度不均匀造成其成像对比度不高，因此在明视野中很难直接得到清晰的图像。通过利用暗场照明方式，采用平行光线从样品侧面照明，由于平行光线被环行遮光板所阻，因而中心部分光线被遮去，穿过环行遮光板的光线成空心圆筒形光束射入垂直照明器，可以得到背景黑暗而仅有样品散射光成像的图像。这种方式可以有效提高成像的对比度和图像的可视度，也有助于提高藻细胞测量的分辨率，同时可减小系统的体积。图像识别算法是对藻细胞的暗场图像进行自动识别与计数的程序，包括细胞图像灰度拉伸、细胞图像平滑、细胞图像分割、边缘监测等在内的图像增强技术对图像进行修改。根据图像中藻细胞大小勾勒出藻细胞轮廓，将藻细胞所在像素与背景像素进行分离，以便准确确定图像中组成每个藻细胞的像素范围，对藻细胞进行精确计数。

仪器结构图如图 4.89 所示。水样经过过滤装置后，暗场显微观察仪对水样中的藻细胞进行成像。细胞计算软件对含有藻细胞的图像进行处理，获得藻细胞的数目。根据样品容量计算藻细胞密度。完成图像成像后，再将水样经过清洗装置排除仪器外。仪器等待下一次启动命令。

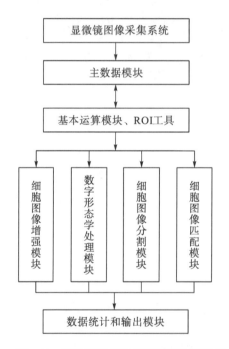

图 4.89　原位藻群细胞显微观测仪系统组成

原位藻群细胞显微观测仪系统的设计工作可以按如图 4.90 所示进行分解。整个仪器设计由仪器硬件设计(在线摄像机子系统)和软件设计(生化在线分析系统)两部分构成，主要采用显微成像和图像处理相结合的技术。

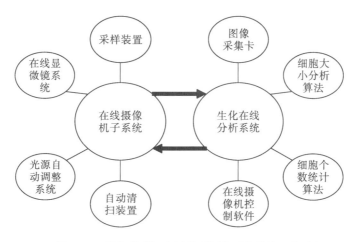

图 4.90 原位藻群细胞显微观测仪系统设计工作分解

图像的实际放大倍率对仪器的清晰成像有较大的影响。在光学成像部分的设计过程中,显微成像系统的实际放大倍数与现有镜头的标称放大倍数以及物距都有关,即镜头焦距随着放大倍数的增加而缩短。为了保证成像清晰,必须有足够镜头焦距。在现有镜头一定的情况下,物距越小,即显微镜头与成像物体越近,成像越大。但是物距减小会导致相距增大,也就是 CCD 与显微镜头距离增大会影响显微成像装置的整体尺寸。因此,成像大小和物距及镜头焦距的关系要结合仪器的应用场合与应用目的综合考虑。在仪器显微系统中,选用大恒光电 MER-230-168U3M 数字摄像机,分辨率为 1920×1200,像素尺寸为 5.86μm×5.86μm,模数转化精度为 10bit,增益 0~24dB,信噪比为 53.49dB,显微镜视野 5.7μm 与摄像机 5.86μm 匹配度得到较好的保证,如图 4.91 所示。

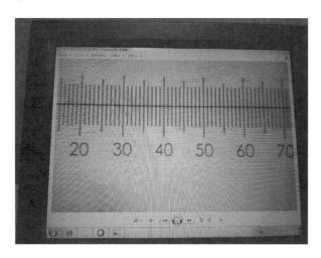

图 4.91 显微镜视野尺寸(标尺每刻度为 0.1μm)

在仪器的机械设计过程中,所选取的材料和材料的外表处理应充分考虑将来工作环境的要求。机械设计实例如图 4.92 所示。

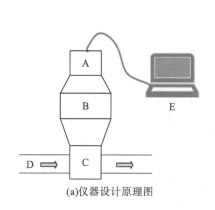
(a)仪器设计原理图

(b)仪器内部构造图

图 4.92　原位藻细胞观测仪光机设计图

　　仪器软件的人机交互部分分为两个：一是实现对硬件的控制；二是图像处理的算法。对硬件的控制可以通过 ARM 系统实现，其系统工作框图如图 4.93 所示。由 ARM 系统实现 CCD 的驱动和 CCD 输出信号的处理，同时 ARM 系统通过自动对焦软件算法判断图像是否处于对焦位置，从而控制执行机构实现自动对焦过程。此外，ARM 系统还可实现显微观测仪与浮标上的控制中心之间的通信和图像传输等。

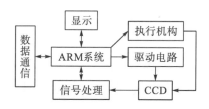

图 4.93　ARM 系统工作框图

　　由于仪器需要实现原位测量，因此需要实现自动对焦功能，即成像时系统能进行自动调节，使图像探测器位于理想的成像位置上。当前，自动对焦技术是成像系统中必不可少的部分，它可以分为两大类：硬件自动对焦技术和软件自动对焦技术。前者需要复杂的硬件装置，成本高、控制复杂且维护成本高，不满足在线监测的应用需求；后者采取适当的图像处理技术，通过软件实现自动对焦功能。从在线应用的需求出发，软件自动对焦更适合。

　　通过软件实现自动对焦的方法可以分为两大类：对焦深度法和离焦深度法。对焦深度法通过一系列对焦逐渐准确的图像来确定物点至成像系统的距离，这个搜索过程需要不同成像参数下的多幅图像，所用图像越多则对焦精度越高。离焦深度法是从离焦图像中取得深度信息从而完成自动对焦的方法，它只需要获得 2～3 幅不同成像参数下的图像，就可以完成自动对焦过程。离焦深度法要求事先用数学模型描述成像系统，然后根据少量的成像位置获取的图像来计算最佳对焦位置。因为计算所需图像数少，大大减少了驱动电机等机械结构所需要的时间，所以速度更快。

聚焦图像的成像具有如下特点：从空域角度看，聚焦图像比离焦图像灰度变化明显，有较锐化的边缘；从频域角度看，由于离焦是一个低通滤波器的过程，当离焦时，图像的高频分量相对较少。因此，采用单一的自动对焦算法不能很好地满足成像要求，用分水岭和爬山法相结合的自动对焦算法可得到很好的聚焦效果。通过程序的执行，反馈控制调焦电机，借助调焦电机的运动转化为丝杠沿光轴方向的移动，可实现自动聚焦，得到清晰的图像。

图像处理是实现藻细胞的定量监测的关键。其功能在于改善细胞图像视觉效果、突出某些特定的信息、使用图像增强技术对图像进行修改并将图像转换为更适合机器分析处理的形式。开展的图像处理工作主要包含以下几个部分。

1) 细胞图像灰度拉伸

在细胞图像中通常会出现污染物，它们和细胞主体混合在一起，成为图像处理中主要的干扰源之一。在某些拍摄条件下，细胞主体和图像背景之间也会出现对比度不够的情况，影响对细胞轮廓的提取。图像灰度变换的主体思路是通过灰度变换使一定频度上的灰度受到压缩，从而使污染物得到减弱或增强细胞与背景的对比度。该变换主要针对灰度图像，对于彩色图像，应首先使用灰度公式将其转为灰度图像。

灰度变换法可分为三种：线性变换、分段线性变换以及非线性变换。其中，线性变换是将图像中所有点的灰度按照线性灰度变换函数进行变换，变换函数为

$$f(x) = f_A + f_B \tag{4.12}$$

灰度变换方程为

$$D_B = f(D_A) = f_A \cdot D_A + f_B \tag{4.13}$$

式中，f_A 是线性函数的斜率；f_B 是线性函数在 y 轴上的截距；D_A 表示输入图像的灰度；D_s 表示输出图像的灰度。

当 $f_A > 1$ 时，图像对比度增大；当 $f_A < 1$ 时，图像对比度减小；$f_A = 1$ 且 $f_B \neq 0$ 时，图像所有像素灰度值上移或下移，整个图像更暗或更亮；$f_A < 0$ 时，暗区域变亮，亮区域变暗；$f_A = -1$，$f_B = 255$ 时，输出图像的灰度正好反转。

分段线性变换法是常用的突出感兴趣的目标或灰度区间而相对抑制那些不感兴趣的灰度区域的方法。其中，三段线性变换法是使用最频繁的，其数学函数表达式如下：

$$g(x,y) = \begin{cases} (c/a)f(x,y) & 0 \leqslant f(x,y) < a \\ [(d-c)/(b-a)]f(x,y)+c & a \leqslant f(x,y) < b \\ [(M_g-d)/(M_f-b)][f(x,y)-b]+d & b \leqslant f(x,y) \leqslant M_f \end{cases} \tag{4.14}$$

该方法对灰度区间[a, b]进行线性变换，而灰度区间[a, b]和[b, M_f]受到了压缩。通过细心调整折线拐点的位置及控制分段直线的斜率，可对任一灰度区间进行扩展或压缩。如果一幅图像灰度集中在较暗的区域，可以用灰度拉伸功能来拉伸(斜率>1)物体灰度区间以改善图像质量；如果图像灰度集中在较亮的区域，也可以用灰度拉伸功能来压缩(斜率<1)物体灰度区间以改善图像质量。

三段线性变换法对图像进行灰度拉伸的效果如图 4.94 所示。

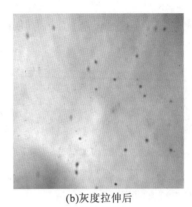

(a)原图　　　　　　　　　　　　(b)灰度拉伸后

图 4.94　灰度拉伸的图像

2) 细胞图像平滑

图像平滑的目的是消除噪声。由于拍摄条件的有限，特别是在较暗背景光线环境下获取的细胞图像中可能存在噪声，噪声的存在不仅降低图像质量，而且妨碍对图像信息的获取，降低图像的可判读性，使得试验结果可信度降低。同时，在图像复原、图像分割等这些较为典型的应用上，需要对噪声作一个定量的描述，才能够更好地进行后续处理。

常用的消除噪声的方法是中值滤波法。中值滤波是一种抑制噪声的非线性滤波。它通过在图像上移动邻域窗口将窗口中的值替代为经过中值运算后的值。使用中值滤波的好处是中值是图像中现存的值，所以不会有新的值被创建，在实际运算过程中并不需要图像的统计特性，运算简单，易于实现，而且能较好地保护边界。中值滤波的应用在一定的条件下可以克服线性滤波器所带来的图像细节模糊，而且对滤除脉冲干扰及图像扫描噪声最为有效。

为了尽量地减小滤波过程中造成的边缘和细节的损失，系统应根据噪声干扰的情况自动选择滤波窗口的大小。可选择的窗口包括 3×3 窗口、5×5 窗口等。常见的窗口选择有：对于普通细胞，由于多有缓变轮廓，因此采用方形或圆形窗口为宜；对于带有突起或者尖锐末端的细胞形状，适宜用十字形窗口。

此外，也可以通过加入自定义滤波器对图像进行滤波。由于中值滤波属于低通滤波，会使图像轮廓变得模糊，而高通滤波法中的基本高通滤波、高增益滤波、拉普拉斯算子滤波以及高斯拉普拉斯算子都可以使图像锐化，轮廓变清晰。因此可以考虑采用两者相结合的方法对噪声进行处理，比如中值滤波结合拉普拉斯算子法或中值滤波结合高斯拉普拉斯算子法，都可以有效地消除椒盐噪声，使图像轮廓基本上不发生变化。中值滤波变换法对图像进行消噪声处理的对比实例如图 4.95 所示。

3) 细胞图像分割

图像分割是指将图像中具有特殊含义的不同区域区分开来，这些区域是互相不交叉的，每一个区域都满足特定区域的一致性。在细胞结构和形态变化的研究中，其中最重要、最困难的是细胞图像中细胞形态的识别和分割。一般图像分割就是从复杂图像场景中分离出感兴趣目标物的方法，主要分为两大类：一类是利用同一区域的均匀性识别图像中的不同区域；另一类是边缘分割方法，通常利用区域间不同性质划分出各个区域之间的分界线。

对于细胞图像分割而言，需要能够对细胞或其内部细胞器的容积进行计量分析和形态分析，计算形态变化量，这是细胞图像中细胞信息提取、分析与定量研究的关键。

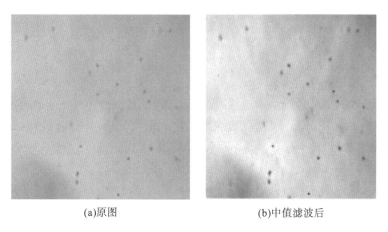

(a)原图   (b)中值滤波后

图 4.95 中值滤波后的图像

常见的分割技术包括阈值分割技术、微分算子边缘监测、区域增长技术和聚类分割技术等。大津(Otsu)算法是一种较为通用的分割算法。在测试中发现，Otsu 算法选取出来的阈值非常理想，对各种情况的表现都较为良好。虽然它在很多情况下都不是最佳的分割，但分割质量通常都有一定的保障，可以说是最稳定的分割。图 4.96 为使用 Otsu 算法对图像进行处理前后的对比。

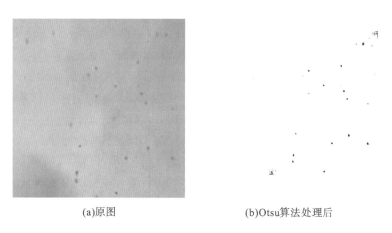

(a)原图   (b)Otsu算法处理后

图 4.96 Otsu 算法处理后的图像(系数为 0.76)

4)边缘监测

边缘就是指周围灰度强度有反差变化的那些像素的集合。作为图像的主要区域特征，图像的边缘具有重要的意义，是图像分割的重要基础，也是纹理分析和图像识别的重要基础，边缘的监测和区域分割对于图像的分析和识别也是至关重要的。边缘监测最基本的方法是图像的微分(即差分)、梯度算子、方向算子、拉普拉斯算子和高斯拉普拉斯算子等。其分析过程如图 4.97 所示。

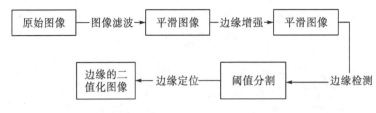

图 4.97 边缘监测的基本步骤

理想的边缘监测应当正确判断边缘的有无、真假和定向定位。它是监测图像局部显著变化的最基本的运算。要做好边缘监测，第一需要清楚待监测图像特性变化的形式，从而使用适应这种变化的监测方法。第二，因为特性变化总是发生在一定的空间范围内，不能期望用一种监测算子就能最佳监测出发生在图像上的所有特性变化。当需要提取多空间范围内的变化特性时，要考虑多算子的综合应用。第三，要考虑噪声的影响，其中一个办法就是滤除噪声，这有一定的局限性；或者考虑信号加噪声的条件监测，利用统计信号分析，或通过对图像区域的建模，而进一步使监测参数化。第四，可以考虑各种方法的组合，如先利用 LOG 算子法找出边缘，然后在其局部利用函数近似，通过内插等获得高精度定位。第五，在正确监测边缘的基础上，要考虑精确定位的问题。

图像边缘监测包括滤波、增强、监测和定位等几个基本步骤。其中，边缘监测主要基于导数计算。滤波器在降低噪声的同时也导致边缘强度的损失，使用增强算法计算梯度幅值，将邻域中灰度有显著变化的点突出显示，进行梯度幅值阈值判定。最后精确确定边缘的位置。

梯度算子边缘监测算法常见的有 Roberts 算子、Sobel 算子、差分算子、Kirsch 算子、Prewitt 算子、高斯拉普拉斯算子等。每种算法各自具有不同的特点，其中尤其是以 LOG 算子最为有名，LOG 算子较好地解决了频域最优化和空域最优化之间的矛盾，计算方法也比较简单方便。另外，该算子在过零点监测中具有各向同性特点，保证了边缘的封闭性，符合人眼对自然界中大多数物体的视觉效果；不过 LOG 算子的边缘定位精度较差，而边缘定位精度和边缘的封闭性两者之间无法客观地达到最优化折中。

总的来说，梯度算子边缘监测算法都可以归结为模板运算，即首先定义一个模板，较常见的为 3×3 模板。运算时，把模板中心对应到图像的每一个像素位置，然后按照模板对应的公式对中心像素和它周围的像素进行数学运算，算出的结果作为输出图像对应像素点的值。

5）Hough 变换与 Canny 算法

由于噪声的存在，用各种算子得到的边缘像素不连续，Hough 变换方法是利用图像的全局特性而对目标轮廓进行直接监测的方法。在已知区域形状的条件下，Hough 变换可以准确地捕获到目标的边界（连续的或不连续的），并最终以连续曲线的形式输出变换结果，该变换可以从强噪声环境中将已知形状的目标准确地分割提取出来。

Hough 变换对已知目标的监测过程受随机噪声和曲线中断等不利因素的影响很小，且分割出的目标独立，因此可以做到零噪声，是相当有优势的。常规的 Hough 变换在理论上能对所有可以写出具体解析表达式的曲线进行目标监测，如直线、圆和椭圆等。但是在实际处理时，待监测的细胞图像形状常常并不规则，其外形描述很难获取甚至根本没有解析式，此时需要采取广义上的 Hough 变换来监测目标。

Canny 算法又称为最优的阶梯形边缘监测算法。其给出了判断边缘提取方法性能的指标，对边缘监测质量进行分析提出了信噪比准则、定位精度准则和单边准则三个准则，是图像处理领域里的标准方法。基本原理有：

①图像边缘监测必须满足两个条件，一是能有效地抑制噪声；二是必须尽量精确确定边缘的位置。

②根据对信噪比与定位乘积进行测度，得到最优化逼近算子，即 Canny 边缘监测算子。

③类似于 Marr 边缘监测，属于先平滑后求导数的方法。

Canny 算子利用边缘幅值与边缘方向信息实现图像中目标的边缘提取，通过相关参数的设定，不同的细胞图像，根据图像边缘的提取目的，可以得到好的分割效果(图 4.98)。

(a)原图　　　　　　　　　　(b)Canny算子处理后的图像

图 4.98　Canny 算子处理后的图像(阈值[0.2，0.4])

上述图像处理技术的联合应用可以实现对细胞的快速分类与识别并达到藻细胞密度的定量监测的目的。

通过藻细胞计数系统，经过蠕动泵抽取不同浓度的藻细胞液，让细胞液通过管道进入显微镜系统的监测池，拍摄视野藻细胞的图片并记录系统给出的藻细胞数量，通过人工计数与系统计数的比较，实测藻细胞计数的准确率达到95%以上，对比结果见表 4.19。

表 4.19　藻细胞计数系统试验统计

序号	人工计数	系统统计	准确率
1	5	5	100%
2	8	8	100%
3	12	12	100%
4	16	16	100%
5	3	3	100%
6	6	6	100%
7	13	13	100%

序号	人工计数	系统统计	准确率
8	45	46	97.82%
9	57	53	107.55%
10	86	83	103.61%
11	98	102	96.07%
12	128	132	96.97%
13	160	164	97.56%
14	168	170	98.82%
15	159	162	98.15%

通过细胞图像处理系统对大批量细胞图像作细胞计数，快速方便地得到了试验结果，计数误差较小，可以看出，系统准确率在 95%以上，特别是当显微镜视野内藻细胞数量 15 个左右及以下时，准确率达到 100%。

4.2.5 二氧化碳的监测

1. 二氧化碳监测方法的介绍

二氧化碳(CO_2)浓度很大程度上影响了水生生态平衡，对水界面 CO_2 气体浓度进行实时监测，对于维护水体生态环境有着重大的意义。

水界面 CO_2 气体主要的监测方式为红外吸收式。红外吸收 CO_2 传感器是利用 CO_2 吸收波长 4.26μm 红外线的物理特征来有选择地测量 CO_2 的含量，吸收关系服从朗伯-比耳(Lambert-Beer)定律。当一束具有连续波长的红外光透过待测气体时，气体会吸收相应波段的红外光，从而衰减其相应波段的红外光能量。红外光能量的衰减量与该待测气体浓度 c、气体的吸收光程 L 以及该气体吸收系数 k 有关，它们之间的关系服从朗伯-比尔定律，据此可以实现二氧化碳气体分子浓度的监测。

监测仪器原理图如图 4.99 所示，包括光源、测量室、探测和数据传输共四大组成部分，涉及光源光路和驱动设计、测量空间设计和探测电路设计。光源发出的光首先经过含有待测 CO_2 气体的气室，到达探测器，该探测器具有两路光强感应窗口，其中一个窗口用来感应 CO_2 气体吸收后的 4.26μm 处的光强；另一个作为参考通道，监测波长 4μm 处的光信号作为参考信号。红外光辐射因气体的吸收而衰减后最终射入探测器进行监测，探测器将光强信号转化成电信号进行记录。由于光源功率不稳定等因素对各路信息的影响相同，而参考光路不含有被测 CO_2 成分的信息，能反映环境变化的信息，因此通过将两路信号作比值即可得到含有 CO_2 气体浓度信息的光信号。采用双通道监测方法，有利于提高对气体浓度的监测精度和准确性，提高系统的可靠性。

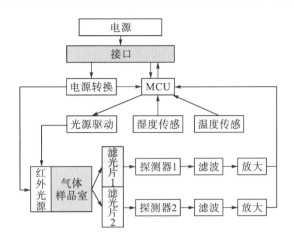

图 4.99　CO_2 气体传感器监测仪器构成原理图

根据红外光谱法用于定量监测的原理，非分光红外 CO_2 变化速率在线监测系统的硬件基本构成如图 4.100 所示。

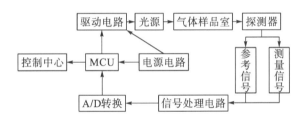

图 4.100　非分光红外 CO_2 变化速率在线监测系统硬件组成

由于该测量信号通常十分微弱，需要经过放大滤波处理。因此，两个探测器接收的信号同时输入信号处理电路，处理后的电信号经 A/D 转换，传输至单片机进行处理。经过处理后得出与被测 CO_2 气体浓度相关的电信号，通过标定得到求解浓度的模型，利用软件自动计算出被测 CO_2 气体浓度，再与时间做运算，即可得出 CO_2 的变化速率，最终将测量的结果通过串口方式传给控制单元。

双通道监测方法被认为是一种能够有效避免由于光源功率的不稳定及外界环境因素变化等对系统造成的影响，同时兼顾其他气体产生的吸收衰减对测量结果产生影响的方法。

双通道监测方法工作原理是：光源发出的光经过待测 CO_2 气室，分别被探测器自带的两个滤波窗口接收，其中一个窗口接收与被测 CO_2 浓度相关的测量信号，另一个窗口接收与被测 CO_2 浓度无关的信号作为参考信号。根据 CO_2 分子的吸收光谱，选取 $4.26\mu m$ 的光信号作为测量信号。参考波长的选择要求被测 CO_2 气体和大气中的其他气体对该参考波长无吸收，使得大气在该波长无吸收衰减，因此该仪器选取 $4\mu m$ 作为参考波长，刚好是所选探测器的另一个滤波窗口。

将输出的两路信号分别记为含有 CO_2 成分信息的光强 I_{CO_2} 和无 CO_2 成分信息的光强 I_{ref}。

当特定波长的红外光辐射通过气体层时，透射光强与入射光强满足朗伯-比尔定律，即

$$I = I_0 e^{-kLc} \tag{4.15}$$

因为在实际情况下，红外光强并不能全部被气体吸收，而是存在一定的光强吸收效率 β（$0<\beta<1$），为得到准确结果，需要对朗伯-比尔定律进行修正，朗伯-比尔定律可修正为

$$I = \beta I_0 e^{-kLc} \tag{4.16}$$

出射光强通过光电探测器将光强信息转换为电压信号，对于测量通道而言，探测器监测到的电信号为

$$U_1 = \beta K_1 I_0 e^{-kLc} \tag{4.17}$$

对于参考通道而言，探测器监测到的电信号为

$$U_2 = K_2 I_0 \tag{4.18}$$

在式(4.17)和式(4.18)中，K_1、K_2 为系统通道参数，该参数只与传感器的响应速度和滤光片的透射率有关。在实际测量中，每个通道的测量都会受环境因素的影响而存在误差，通常采用比值法消除各种干扰因素，从而达到减小甚至消除误差的目的。

$$\frac{U_1}{U_2} = \frac{\beta K_1 I_0 e^{-kLc}}{K_2 I_0} = \beta \frac{K_1}{K_2} e^{-kLc} \tag{4.19}$$

令

$$\frac{U_1'}{U_2'} = \frac{K_1}{K_2} = k \tag{4.20}$$

得

$$\frac{U_1}{U_2} = \beta k e^{-kLc} \tag{4.21}$$

通过计算可以得到 CO_2 气体浓度

$$c = \frac{1}{kL}(\ln K + \ln \beta + \ln \beta U_2 - \ln U_1) \tag{4.22}$$

对于确定的测量系统，参数 k 和 L 都是已知的，且 β 可以通过试验测出来，U_1 和 U_2 可以通过传感器测量，所以，根据式(4.22)就可以计算出 CO_2 的浓度。

光学气室的设计将直接关系到监测系统的性能，因此设计一个好的气室结构是非常重要的。扩散式测量方案(即让气体通过扩散的方式自动进入到气室中进行测量)是在工业和民用领域进行气体监测普遍采用的方式，也被用于 CO_2 监测中。但是，由于空气中 CO_2 浓度不高，采用扩散方式测得的信号很弱，很难得到高精度的测量结果，采用密闭的有进气口和出气口的方式可提高测量的精度。

图 4.101 为一种用于在线 CO_2 监测的气室结构图。气室采用圆柱形结构，两端为可拆卸堵头，用于装配光源和探测器。红外光源与探测器分别固定在气室两端，而且在气室两端分别有进气口和出气口，便于样本气体的导入与排出。此结构避免了红外光源与探测器暴露在外界，有效减少了外界环境对光源与探头的影响，极大程度上排除了外界环境对光路的干扰，提高了测量系统的精度。另外，在气室的进气口和排气孔放置一定的过滤和除尘装置，尽量保证气室内的空间清洁度。

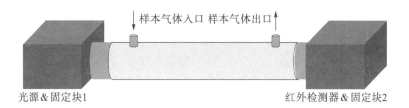

图 4.101　气室结构示意图

在设计有进气口和出气口的光学气室时，需要遵循一些通用的原则：气室的结构通常为两端密封的圆筒形，通过设计进气口和出气口，使气体进入到气室内；气室结构要具备不吸收红外光、不吸附气体、化学性能稳定等特点；确保气室的轴线与红外光源发出的红外线平行，这样可以减少反射，提高系统精度；理论上红外气室内径尺寸应越小越好，因为内经直径越小，红外光损失也就越小。因此，红外气室内径尺寸在满足红外光源、探测器安装的前提下应当做到尽可能小。

气室有一个进气口和一个出气口，进气口靠近光源，这样可以利用气室本身的长度使光波能更充分地被 CO_2 气体吸收。光源与探测器位于气室的两端，保证光源方向直线发射的一束光正好照射在探测器纵向的中间位置，这样可以尽可能地减小由于气室结构造成的误差。由于光照射到气壁上产生折射和散射，为了减小气室材料本身对光照强度的影响，该光学气室将气室内壁镀膜以防止折射或散射，在气室外面套上金属外壳，并且使其接地，保证气室内部信号不易受外部信号的干扰，这样可以极大地提高输出信号的稳定性。

光程(即测量光与被测样品相互作用的实际路程)是决定光学测量系统性能的一个重要因素，光程长度直接关系到测量结果的准确性和灵敏度。有关对光程长度与灵敏度之间关系的研究表明，单位光程长吸光度越小，则光程长对测量误差的影响越小，可选择光程长范围就越宽。因此，气室长度的设计也就非常重要，直接影响到输出信号的测量结果。气室长度需要根据待测气体的种类、传感器测量范围、传感器的灵敏度和分辨率来决定。若气室过长，虽然充分吸收了红外光，但是响应时间会随之增加；若气室过短，则分辨率难以达到要求。而对于气室的内径，理论上来说越小越好，这样光源发射出去的光线在照射到探测器的过程中损失就越小，传感器的响应时间也会相应缩短。因此，气室内径尺寸在满足红外光源和探测器要求的前提下越小越好。综上所述，气室的长度需要综合考虑，应首先通过计算得出最佳长度。

根据光学设计的实际经验，当最佳光程长获取存在较大误差时，应使所选光程长落在大于最佳光程长的区域。在实际测量中，光程长的值不是一定的，而是分布在一定范围内，所以系统设计中采用仿真模拟的方法来计算得到一个与真实光程长接近的最佳光程长，以减小光程带来的误差，最佳光程长可由模拟所得的光线利用率和有效光程分布计算得出。其中，光线利用率指被红外探测器所接收的光线占所有出射光线的比例；有效光程分布，指在理想状态下不同光程出现的概率和该光程在所有光程中所占的比例。通过模拟计算不同光程长下的光线利用率，得出最佳光程长，进而可以为气室的长度设计提供理论依据。在气室的结构确定后，就需要计算得出 CO_2 测量的最佳光程，指导气室长度的设计。光学

仿真软件对光与 CO_2 的相互作用进行的光学仿真也可以服务于气室长度的选取。

探测器是 CO_2 监测仪器中非常重要的组成部件,探测器的选择及信号的处理直接关系到监测的灵敏度和测量结果的精度。红外探测器主要分为光子探测器和热探测器两类。光子探测器基于入射光子流与探测材料之间的相互作用产生光电效应对信号进行探测,所以这类探测器也称为光电探测器。探测机理是光子数量的改变引起探测器输出的改变,且光子数量正比于探测器的响应度。热探测器则利用入射光强照射到探测器上与探测器材料发生热效应,探测材料温度升高,引起赛贝克效应,将热能转换为电能,将其输出。探测器输出的电能与其吸收的热量成正比,实现光照强度到电能的转换。在红外波段多使用热探测器。

在测量系统中,红外探测器的选择主要取决于光源和待测气体的特征吸收波长以及系统所使用的外部温度等。

通过驱动电路产生占空比为 50%的方波电压信号,作用于红外光源,使其产生红外光,该红外光与气室内的 CO_2 气体相互作用,气体分子吸收红外光中特定波长的光波,导致其光照强度减弱,衰减后的光照分别经过 4.26μm 和 4μm 的滤光片进行滤光,然后进入探测器的两个测量通道,在每个探测通道内,透射光照在热电偶上,导致热电偶温度升高,引起赛贝克效应,产生电势,从而将热能转化为电压信号,在测量通道的输出电极上输出 CO_2 测量电压,在参考通道的输出电极上输出参考电压,此外由于内部集成的热敏电阻,温度输出电极将输出携带气室内部温度信息的电压信号。

在光电监测仪器的实际应用中,红外光源的稳定性直接决定着系统的性能。若红外光源出射光强不稳定,将直接影响与待测气体作用或输出的光强信号,从而对气体浓度的测量产生影响。为了保证测量系统光源的稳定性,设计了恒压电路对光源进行驱动。光源可以按照一定的频率工作在发光与不发光两个状态,在二者之间切换以满足实际供电负荷的平衡。

调制工作由单片机系统完成,光源所需的低频调制信号由单片机生成。当单片机输出高电平时,场效应管导通,红外光源发光;当单片机输出为低电平时,场效应管截止,红外光源熄灭。图 4.102 为红外光源驱动及调制电路,芯片 ADP3330 提供 5V 的恒定电压,用来驱动红外光源,用 MOSFET 管控制光源的亮灭。

在整个传感器系统中,信号处理部分(包括光电转换电路的设计和处理)是系统设计的关键,将直接影响到系统的测量结果。CO_2 监测传感器系统的光电转换原理如图 4.103 所示。

为了提高气体浓度测试精度,光电转换电路的设计至关重要,需要传感器转换方案验证。以主控芯片采用 STM32 系列的单片机为例,两路探测器分别接收红外光源与气体作用后经过滤光片后出射的光,电信号经过微电流放大和积分电路被传送到 A/D 转换器信号输入端,经 A/D 转换后形成数字信号。信号处理电路部分的原理和实物图分别如图 4.104 和 4.105 所示。

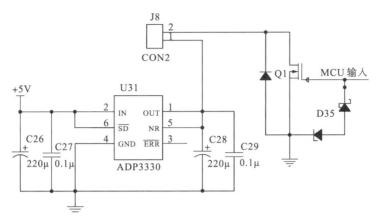

图 4.102　红外光源驱动及调制电路

图 4.103　CO_2 监测传感器系统的光电转换原理

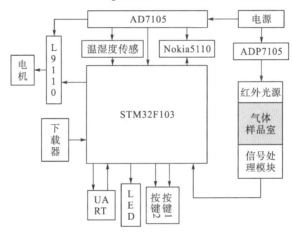

图 4.104　CO_2 变化速率监测传感器系统信号处理电路工作原理框图

图 4.105　CO_2 变化速率监测传感器系统信号处理电路实物

红外光源射出的红外光经过气室被气体吸收后，光能量可能大幅度衰减，最后到达探测器的光能量非常微弱，从而使得红外探测器输出的电信号只有微伏级，而且很容易受外界噪声的干扰而难以探测，这就要求设计相应的电路，对微弱信号进行放大、滤波处理，以便后续 A/D 采样电路进行采样。

单片机的设计主要完成以下功能：红外光源的电调制，通过控制 I/O 口的电平变化，使其产生方波来对红外光源进行调制；控制运放芯片的工作；通过 SPI 通信方式，控制采样芯片的工作；通过 RS-232 串口实现与浮标控制中心的通信；实现单片机内部程序的下载；控制气泵、指示灯的开关及确保整个系统的有序运行。

系统软件主要需要完成数据的采集、处理和传输，具体包括光源的驱动、信号采集、A/D 转换、信号的数字滤波和数据通信。

系统主程序流程图如图 4.106 所示。系统启动后首先进行系统初始化，延时一段时间，等待系统工作稳定，下位机进入接收模式，如果没有接收到上位机指令，则继续等待，否则下位机进入串口接收中断模式，接收数据，开始数据采集，A/D 转换将转换的结果进行数字滤波，然后主动发给上位机，接着进入下一次接收等待。

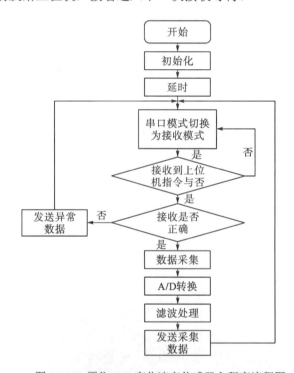

图 4.106　原位 CO_2 变化速率传感器主程序流程图

仪器分别选取低、中、高浓度的 CO_2 标准气体作为待测对象，浓度分别为 50mg/L、512mg/L 和 1516mg/L，分别连续测量半个小时以上，监测仪器的输出值，得出的结果如图 4.107 所示。

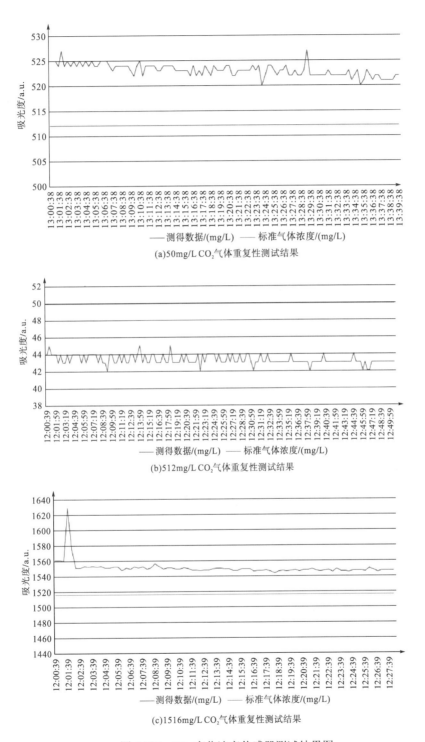

(a)50mg/L CO₂气体重复性测试结果

(b)512mg/L CO₂气体重复性测试结果

(c)1516mg/L CO₂气体重复性测试结果

图 4.107　CO₂变化速率传感器测试结果图

图 4.108 展示的是随着 CO_2 气体浓度的增大，探测器参考通道和测量通道的电压差 ΔU 也在不断地增大，通过此方法，即可绘制 CO_2 气体测量的标准曲线。

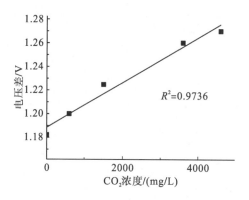

图 4.108 CO_2 气体浓度与探测器输出的电压差之间的回归曲线

2. 二氧化碳在线监测设备的介绍

加拿大 Pro-Oceanus 公司生产的 PSI Mini-Pro CO_2 微型水下 CO_2 传感器如图 4.109 所示，它是一种结构紧凑、重量轻的即插即用型 CO_2 传感器。采用快速膜渗透平衡测量技术，无须化学试剂。CO_2 测量范围为 0～2000mg/L，分辨率为 1mg/L，测量范围为 0～5000mg/L，分辨率为 2mg/L，精度为 1%FS。最大耐压 300m。内置 2G MicroSD 存储卡，采样率为 0.6Hz。

图 4.109   加拿大 Pro-Oceanus 公司生产的 PSI Mini-Pro CO_2

美国 Battelle 公司全自动 CO_2 在线监测系统（图 4.110）是由 Monterey Bay 海洋研究所（MBARI）和美国海洋和大气局（NOAA）联合研制，由美国 Battelle 公司生产和制造，该设备为海洋环境提供大气和海水的分压（pCO_2）远程监测，能够帮助科学家理解和预报气候变化，使得人们对于海洋到底是 CO_2 的源还是宿（相对于大气）有了新的认识。设备通过加入参比校准气体，提高双路卫星数据传输能力来实时控制系统和接收数据，以提高设备的性能。产品采用模块化设计，便于安装和维护，主要包括分析单元、标气单元、平衡器单元、供电单元和通信单元等。该系统采用非色散红外监测器 NDIR，具有维护简单、维护周期长、测量数据稳定、无漂移的特点。技术参数指标主要见表 4.20。

图 4.110　美国 Battelle 公司全自动 CO_2 在线监测系统

表 4.20　美国 Battelle 公司全自动 CO_2 在线监测系统技术参数

项目	内容
测量技术	非色散红外监测器 NDIR
测量范围	100~600mg/L（范围可按照用户要求进行扩展）
精度	1mg/L
分析仪较大流速	1L/min
操作温度	0~40℃
布放周期	少则 12 个月（8 个样品/天）
供电	分析单元 10VDC（7~14.5VDC），通信单元 8VDC（5.6~11.2VDC）

4.3　水文监测仪器

4.3.1　水深的测量

1. 水深的测量方法

测量水深的主要手段是利用测深仪进行探测。测深仪的工作原理与声呐相类似，通过声波的发生-反射-接收进行测量。

在理想状况下，测深仪通过发射换能模块垂直地向水底发射声波，之后通过信号接收模块接收水底反射的回波，利用声波的传播速度与发射和接收信号的间隔时间确定水的深度 H，计算公式为

$$H = \frac{1}{2}Vt \tag{4.23}$$

式中，V 为声波传播速度；t 为传播时间。

但是，在实际应用中，水深的测试值一般会受换能器的吃水深度和潮位的影响。所以改正后的水深值

$$H = \frac{1}{2}V_s t + \Delta D_d + \Delta D_t \tag{4.24}$$

式中，V_s 为校正的实际声速；t 为传播时间；ΔD_d 为吃水深度改正值；ΔD_t 为潮位改正值。

一般来说，吃水深度与潮位变化相对于水体深度而言影响较少。所以，从式(4.25)可以得出声速是影响测深仪测量精度的关键。

目前在实际测量中，比较常用的获取水体中声速的方法主要为利用声速剖面仪直接测量。声速剖面仪的工作原理是该仪器连续发射高频短脉冲，当接收到前一个短脉冲的回波后，便立即发射下一个脉冲。声速测量仪记录每秒钟脉冲的发射次数(即脉冲重复频率)，再乘上每个短脉冲在水体介质的已知声传播路程，即可获得水体介质的声传播速度。目前声速仪测量精度可达 0.1m/s。

此外，水体中影响声速的因素非常复杂，目前参数能影响的声速变化无法完全利用理论公式计算出准确值。其中，水体的温度、浑浊度、含盐度、静压力等因素都能够对声波的传播速度产生影响。一般而言，只能在大量实际测试数据的基础上，利用经验公式计算声速的数学模型。

在深度为 0～1000m 的条件下，声速 V 的经验数学模型为

$$V = 1449.2 + 4.6T - 0.055T_2 + 0.00029T_3 + (1.34 - 0.01T)(S - 35) + 0.016d \tag{4.25}$$

式中，T 为温度；S 为盐度；d 为深度。

从式(4.25)中可以看出，声速与深度呈正比关系，但是其受温度的影响最高。此外，在淡水水体中，一是盐度较低，二是在深度方向上的变化不是很大，造成声速在深度方向上变化的主要原因在于温度及静压力随着深度的变化。在实际水深测定时，除了利用声速剖面仪对声速进行直接测定外，还要考虑深度与温度的变化对计算结果的影响。

在一款水深传感器设计中，水深传感器采用信号增益调节电路设计，增益信号是由程序控制的，它根据待测量信号幅值的大小来改变放大器增益，以使不同幅值范围的输入信号都能放大到 A/D 精确转换所需的幅值范围。该款水深仪器设计的输入量程为 0～5V，分辨率是 1.0mV。为了保证测量精度的一致性，设计由一片 CD4051 八选一模拟开关、若干高精密电阻和一个低功耗运算放大器 OP07 等组成程控增益放大电路。鉴于实际场合中常用的液位传感器输出满量程电压一般为 60mV、200mV、2V、5V 等几种，故设计了 0～5V 的量程。

为了适应仪表电池供电、功耗低等特点，采用了功耗低、高精度、供电简单的 V/F 转换芯片 LM331 组成电压-频率(10V-100kHz)的 A/D 转换电路，其输出频率与输入电压的关系为

$$f_{out} = \frac{V_{in}}{2.09} \times \frac{R_{39} + R_{w3}}{R_{23}} \times \frac{1}{R_{25}C_6} \tag{4.26}$$

通过 AT89C51 的 T_0 计数器(其中 T_1 作定时器用)计算出 f_{out}，从而得到输入 V_{in}，进而算出水位值，具体如图 4.111 所示。

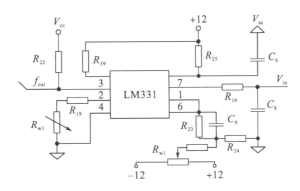

图 4.111　信号 A/D(V/F)转换电路

在该电路中，电阻 R_{16} 为 $(80\pm10\%)$kW，它主要是使 LM331 的输入端 7 脚产生偏流，以抵消 6 脚偏流的影响，从而减少频率偏差。R_{39} 和可调电位器 R_{W3} 的作用是调整 LM331 的增益偏差和由 R_{23}、R_{25} 及 C_6 引起的偏差。当 6 脚、7 脚的 RC 时间常数匹配时，输入电压的阶跃变化将会引起输出频率的阶跃变化，如果 C_8 比 C_9 小得多，那么输入电压的阶跃变化可能会使输出频率瞬间停止。6 脚的 47W 电阻 R_{23} 和 1.0mF 电容器 C_9 并联用以产生滞后效应，使 V/F 转换获得良好的线性度。

同时在设计上考虑了可靠性，在每个模块后和程序 PROM 的空白区加了软件陷阱，并在一些重要的跳转指令之间进行软件冗余设计。此外，还设计了溢出报警，避免显示错误的信息。采用此水位计测量出的水位 Q 与实际之间的误差小于 0.5%，满足实际应用的精度需求。

2. 水深在线监测仪器的介绍

图 4.112 是丹麦 Teledyne ODOM 公司生产的 Echotrac CVM 双频测深仪，该仪器性能稳定、测深精度高、频率范围广，适应于不同水深测量，是一套防水设计坚固耐用型双频测深仪。高频通道频率范围为 100～340kHz，适用于浅水测量及侧扫测量；低频通道频率范围为 24～50kHz，具有更大测量深度并可用于浮泥监测。由于具有宽带频率输入，CVM 可兼容多种新的及已有的换能器，其主要性能指标见表 4.21。

图 4.112　丹麦 Teledyne ODOM 公司生产的回声测深仪

表 4.21　Echotrac CVM 双频测深仪性能指标

项目	内容
工作频率	低频为 24～50kHz；高频为 100～340kHz
频率调节步长	1kHz
测程	0.5～600m @ 33kHz；0.2～200m @ 210kHz
输出功率	低频时 420W RMS；高频时 350W RMS
精度	0.10m±0.1% 深度 @ 33kHz；0.01m±0.1% 深度 @ 200kHz
分辨率	0.01m
相位调节	自动或手动调节 30%、20%、10%叠加
标注内容	内部自动标注：日期、时间、位置；外部标注：通过 RS-232 接口输入
通信接口	2 个 RS-232
输入数据	DGPS，heave 涌浪补偿
输出数据格式	NMEA 0183，DESO 25，Odom 及通过以太网口输出水深模拟图像数据

　　RISEN-SFCC 超声波水深探测仪是由重庆兆易科技发展有限公司生产的用于测量水库、湖泊、江河、浅海等的测深仪器，测深时将超声波换能器置于水面或水中一定位置，利用超声波在水中的传播原理，通过仪器自动运算出当前水深，仪器如图 4.113(a)所示。

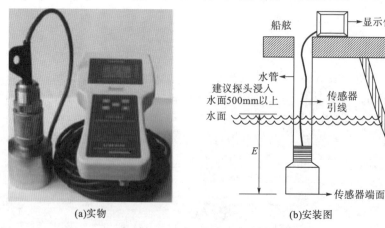

(a)实物　　　　　　　　　　(b)安装图

图 4.113　RISEN-SFCC 超声波水深探测仪

该仪器集超声波收发传感器、伺服电路、温度补偿传感器和补偿电路单元、显示器、控制信号输出及串行数据或模拟量输出单元(选购)为一体,具有完善的水深测量功能、控制功能、数据传输功能和人机交流功能,具有维护少、可靠性高、寿命长、使用方便、操作简单、测量准确等特点,其安装方式如图 4.113(b)所示,广泛应用于水文测量、水电厂、库区、浅海、湖泊、河道勘测、环境水域监测。该仪器技术指标见表 4.22。

表 4.22 RISEN-SFCC 超声波水深探测仪技术参数

项目	内容
产品型号	RISEN-SFCC
最大量程	100m(基于 20℃水中平静目标面,可定制更大量程)
监测精度	优于±0.5%(基于 20℃水中平静目标面)
监测盲区	≤500mm(可定制小盲区)
波束角	18°±2°
输出信号	RS-485,4～20mA(同时输出两种信号)
显示	LCD 多信息+背光显示,水深四位数字
显示分辨率	d=1mm/1cm(用户自己设定)
工作温度	0～50℃
存储温度	−20～70℃
工作湿度	≤80%RH 无结露(仪表)
存储湿度	≤70%RH 无结露(仪表)
工作电压	内置充电锂电池供电,间歇待机时间约 6h
应用介质	淡水、海水(订货时确定);工作温度为 0～40℃
吃水深度	≥500mm

4.3.2 流速的测量

1. 流速的测量方法

传统的流速测量方法有浮标漂移测流法、走航式测流法和定点观测测流法。但是,这些传统方法不能全面、快速且准确地测量流速,而且所要投入的人力、物力以及时间成本都比较高。

多普勒效应是指波源与观测者的相对运动对波频率有影响的现象。当波源向着接近观测者方向移动时,观测者所观测到的波的频率变高;而当波源向着远离观测者方向移动时,观测者所观测到的波的频率变低。在非光波下,观测者所观测到的频率和波源所发射的原始频率如下:

$$f' = \left(\frac{V \pm V_0}{V \mp V_s} \right) f \tag{4.27}$$

式中，f' 为观测到的频率；f 为波源发射的原始频率；V 为波在该介质中的传播速度；V_0 为观察者的移动速度(若接近发射源则前方运算符号为+，反之则为-)；V_s 为发射源的移动速度(若接近观察者则前方运算符号为-，反之则为+)。

式(4.28)反映出观测者的速度或波源速度和观测频率与原始频率之间具有直接的关系。因此，多普勒效应可以推广并运用到速度的测定。以观察汽车运动为例，多普勒效应可以分为两部分：一是从测速仪(发射源)到车辆(观测者)。发射源固定-观测者运动：$f' = \left(\dfrac{V - V_c}{V} \right) f$，$V_c$ 为车辆的速度(方向为远离测速仪方向)，V 为超声波传播速度；二是以车辆反射超声波作为发射源，测速仪的接收装置为观测者。发射源移动-观测者静止：$f'' = \left(\dfrac{V}{V + V_c} \right) f'$。因此，通过发射与监测到的超声波的多普勒平移、超声波传播速度以及初始发生频率，可以计算出车辆的运行速度。

自然水体中存在大量的散射体，如微小颗粒、泥沙和浮游生物等。而多数这些散射体与水流融为一体，并随着水体的运动而运动，因此散射体的速度能够代表水体的流动速度。水体中的散射体变为水体中"车"，将超声波反射回测速仪的接收装置，从而达到测定水体流速的目的。多普勒流速仪因此而诞生。其计算公式为

$$V = \left(\frac{f_d}{f_s + f_d} \right) \frac{V_s}{\cos\alpha} \tag{4.28}$$

式中，f_d 为多普勒频移；f_s 为仪器发出超声波的频率；V_s 为超声波在介质中的传播速度；α 为水流方向与超声波传播方向的夹角。

多普勒流速仪可非接触式地对水速进行监测，并且是电子元件的集成，具有体积小、精度高、响应速度快、操作简便等优点，为测速工作带来极高的时效性与便利。

利用超声波测量流速的仪器设计以单片机为核心，两个超声多普勒换能器作为发射器或者接收器，通过计时模块计时，传送到单片机，数据经过单片机处理，发送到显示模块和传送模块，同时外接一些信号处理电路以及按键电路。总体控制流程图如图 4.114 所示。

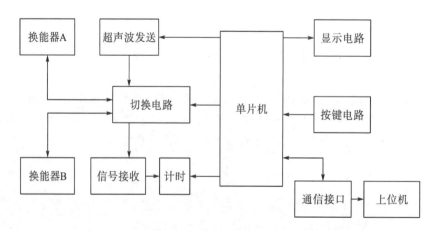

图 4.114　超声多普勒传感器整体设计

超声多普勒发射电路采用单脉冲发射电路，由脉冲发生和信号放大电路组成，脉冲由单片机通过软件编程实现，将脉冲方波信号从 I/O 口输出，高频超声波在液体中的穿透能力更强，同时考虑到衰减问题，综合上述因素，设计的超声波发射电路发射的超声波频率为 1MHz；信号放大电路主要由三极管和变压器组成。脉冲信号从单片机送出后，触发计时器开始计时，同时经过三极管放大，变压器的升压，达到足够大的功率后触发超声波换能器产生超声波，变压器除了升压外，还能使振荡器的输出阻抗与负载的超声波换能器阻抗匹配，变压器与换能器接成单端激励式。超声波发射电路如图 4.115 所示。

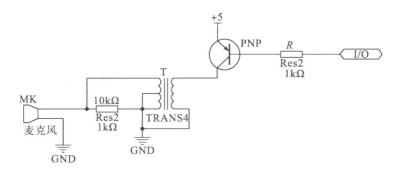

图 4.115 超声波发射电路

向河道中的流体发射超声波到接收超声波这段时间间隔非常小，同时也是该款传感器最主要采集的信息，最直接也最容易影响最终监测结果。考虑以上因素，采用 TDC-GP2 芯片测量顺逆流的时间。TDC-GP2 芯片是德国 ACAM 公司 TDC 系列的新一代产品，它具有超高的精度和小尺寸的封装，尤其适合于低成本的工业应用领域。TDC-GP2 芯片具有高精度时间测量、高速脉冲发生器、接收信号、温度测量和时钟控制等功能，这些特殊功能模块使它尤其适合于超声波流量测量和热量测量。这款芯片利用现代化的纯数字化 CMOS 技术，将时间间隔的测量量化到 60ps 的精度。作为测量时间的重要模块，在接收信号端提出了过零阈值电路对波形的整形，同时使用计算精密度特别高的 TDC-GP2 芯片都很好地提高计算的准确性[67]。

2. 流速在线测量设备的介绍

图 4.116 是由德国 HYDRO-BIOS 公司生产的 RHCM 杆持式测流计测量设备，它主要用来测量流水的水流速度。杆持式测流计由水流方向标和防水手持终端组成。测量头可以与伸缩杆成 90°。测量值可以在手持终端上显示和存储，存储的数据可以通过自带的 Hydrolink 软件传输到个人电脑上。测量数据文件以 ANSI 格式存储，因此很容易通过目前的文字处理软件、分析表格软件和数据库软件进行估算和处理。该仪器可与个人电脑或数据存储器直接连接，通过固定通信协议进行仪器的操作和数据的读取。数据存储器可以存储 1000000 个测量值，伸缩杆长度可达到 4.5m，测量头通过线缆连接，而不用伸缩杆连接，测量深度可达 100m，其技术指标见表 4.23。

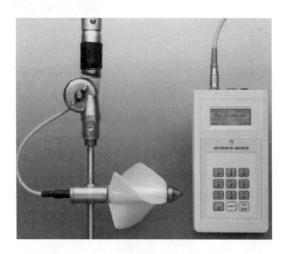

图 4.116 德国 HYDRO-BIOS 公司生产的 RHCM 杆持式测流计

表 4.23 RHCM 杆持式测流计技术指标

项目	内容
测量范围	0.10～9.99m/s
分辨率	0.01m/s
精度	±5%(0.10～0.49m/s) ±1%(0.50～9.99m/s)
存储器	4M
环境温度	0～50℃
防护型手持终端	IP65
欧共体标准(CE)	EN 50081-1，EN 50082-2
测量周期	14s
数据保存时间	一百年
电源	内置 9V 电池或外置 7～12V 电池；最大电流为 12mA

图 4.117 中 RQ-30 雷达水位流速流量监测仪是奥地利 Sommer 公司生产的一款测量河流水位、流速和流量的专用设备，采用 24GHz 的雷达信号，通过多普勒效应来计算流速数据。24GHz 频率的雷达信号发射到水表面，一部分雷达信号被反射回去，移动的水波纹会导致频率的改变，即多普勒效应。RQ-30 采集到回波信号后，进行频谱分析，进而计算出水表面的流速。发射的雷达信号需要与水面保持一定的角度，但这个角度并不需要手工测量，仪器内部能够测量这个角度，并在计算流速时应用。水位测量采用超声波信号，通过时差法的原理换算出水位信息。RQ-30 发射一个短的脉冲，方向为与水面垂直。通过发射和接收的脉冲之间的时间差，就可以计算得到测量点到水面的距离，进而可以知道水位的数值。技术指标见表 4.24。

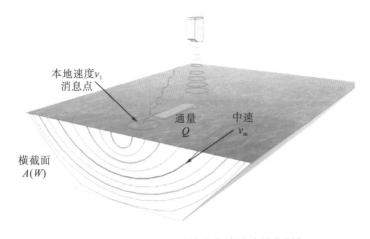

图 4.117　RQ-30 雷达水位流速流量监测仪

表 4.24　RQ-30 雷达水位流速流量监测仪技术指标

项目	内容
水位测量范围	0~15m/35m
分辨率	1mm
准确度	±2mm
雷达频率	26GHz
雷达波开角	10°
流速测量范围	0~15m/s
分辨率	1mm/s
准确度	±0.01m/s；±1% FS

武汉新烽光电股份有限公司运用超声波多普勒流量测量方法开发的一款流速仪如图 4.118 所示。该款设备采用压力水位计测量水位，特殊场合可配套超声波液位计保证水位测量准确，利用速度面积法计算流量，可用于河流、明渠、管道的在线测流。该仪器针对高泥沙含量和洪水情况进行了优化设计，尺寸小，易安装，对流动影响小。传感器选配吹扫装置，能在恶劣的环境和污水水质下长期工作。仪器测量的流速范围为 0.02~5m/s，流速精度为 1.0%，流速分辨率为 1mm/s。采用直流 10~24V 或者交流 220V 电源，具有 IP68 的防护等级。

(a)正视图

(b)侧视图

图 4.118　武汉新烽光电股份有限公司生产的 XF-WI-QC-88 多普勒流速仪

4.4　气象监测仪器

4.4.1　风速的监测

1. 风速的监测方法

风速传感器一般有两种测量原理。第一种是基于风杯的风速传感器,由三杯式感应器和信号变换电路组成,变换电路为霍尔开关电路。在稳定的空气流场中风杯传感器受扭转力矩作用而开始旋转,风杯传感器从静止状态到均匀地转动这个过程是比较复杂的。当外界风速恒定且摩擦力矩很小时,风杯组件的转速为一固定值,它的转速与风速近似成一定的线性关系:

$$V = 2\pi Rkn \tag{4.29}$$

式中,V 为风速;R 为风杯旋转半径;k 为风速计常数;n 为风杯转数。风速计常数取决于风杯的外形,与风杯直径、旋转半径以及模杆的直径没有本质的关系。

当风速传感器能克服旋转轴上的摩擦力矩和空气阻力矩时,开始旋转的速度为起动风速。起动风速可以表示为

$$V_{\min} = \sqrt{k_m AR} \tag{4.30}$$

式中,k_m 为风速传感器常数,与风速传感器的静摩擦力矩、空气密度等有关。在相同材质和环境条件下,起动风速与风杯切口截面积 A 与旋转半径 R 的乘积的 1/2 次方成正比。

风速传感器的第二种测量原理是利用超声波传感器测量风速,细分有很多方法,主要有频差法、相位差法、多普勒法和时差法等。时差法由于原理简单、测量受环境影响小且电路容易实现等优点,得到了更广泛的应用。在此介绍基于时差法测量风速风向的仪器,图 4.119 为二维平面水平方向上超声波传感器结构图。

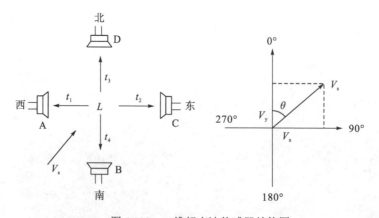

图 4.119　二维超声波传感器结构图

　　如图 4.119 所示，4 个收发一体的超声波传感器 A、B、C、D 分别安装在西、南、东、北 4 个方向上，两对传感器之间的距离为 L，假如水平风向上，风向为由东到西即从超声波传感器 A 吹到传感器 B。

　　超声波传感器由发射器和接收器组成，如图 4.120 所示，发射器是利用逆压电效应的原理工作，即在压电元件上施加一定的高频电压，元件即会产生伸长或缩短的变形，再通过双晶振子把产生的超声波信号发送出去。接收器利用压电效应的原理（即当压电元件沿一定方向受力时，将产生变形，两表面产生符号相反的电荷），双晶振子接收到发射器发送的超声波信号，就以发送超声波的频率进行振动，产生与超声波频率相同的高频电压，再经放大器进行放大、处理。

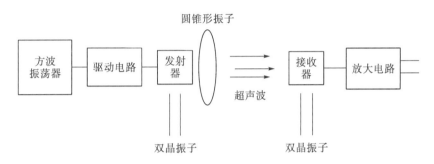

图 4.120　超声波传感器工作原理图

　　超声波旋涡流式风速传感器工作原理如图 4.121 所示。在风洞中设置一个旋涡发生杆（即阻挡体），在阻挡体上方和下方安装一对超声波发射器和接收器，当流动空气经过旋涡发生杆时，在其下方将产生两列内旋相互交替的旋涡。由于旋涡对超声波有阻挡作用，超声波接收器将会收到强度随旋涡频率变化的超声波，即当旋涡没有阻挡体时，接收到的超声波强度最大；旋涡正好阻挡超声波时，接收到的超声波强度最小。超声波接收器将收到的幅度变化的超声波转换成电信号，后经过放大、解调、整形等就可以获得与风速成正比的脉冲频率。

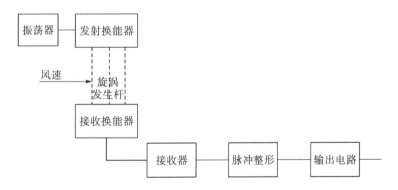

图 4.121　超声波旋涡流式风速传感器原理图

当旋涡发生杆一定时，风速越大，形成的卡曼旋涡就越强，对超声波束的调制度也越大；当风速很低时，不会形成旋涡。为监测较低的风速，可以增大旋涡发生杆直径或提高超声波接收器的灵敏度。能够产生旋涡的发生杆直径与风速关系曲线如图 4.122 所示。

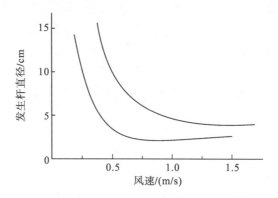

图 4.122　风速与旋涡发生杆直径之间的关系曲线

当超声波传感器 A 处于发射状态，传感器 B 处于接收状态时，超声波在空气顺风传播的时间为 t_1；相反，当超声波传感器 B 处于发射状态，传感器 A 处于接收状态时，超声波在空气逆风传播的时间为 t_2。由此可得超声波在空气中顺风和逆风传播的时间。

假如水平方向的风由东南方向吹向传感器阵列，那么它在二维坐标 X 轴和 Y 轴会产生两个方向的分量。4 个超声波传感器按照一定次序进行超声波的发射、接收，根据上述原理可得 X 和 Y 这两个分量上的速度。由超声波时差法测量风向、风速的原理可知，主要测得超声波在空气中顺风以及逆风传播的时间，便可以根据公式推导出风速、风向的表达式。因此对传播时间的测量至关重要，其准确性直接影响着测量结果的精确性，这也对硬件处理电路以及主控芯片提出了更高的要求。

在超声波旋涡流风速传感器性能要求中，超声波发射器和接收器的形状、截面尺寸、相对位置、坚固程度、发射与接收器的偏移角度等都会影响其灵敏度。超声波发射与接收器应设置在其轴线距发生杆的距离为发生杆直径 6 倍的地方，以保证线性度。超声波的工作频率应为 140kHz 和 150kHz，即高于风速旋涡频率两个数量级，但不要过高，否则会造成超声波在空气中传播时严重衰减。

现在，利用激光多普勒效应进行风速测量成为一种新颖的手段，主要有三种模式：参考光模式、直接探测模式和双光束模式，其中参考光模式由于具备可小型化、集成化、可用于近远程测风等优势，日益成为普遍使用的模式。

激光多普勒测风速仪器通过探测大气中气溶胶对激光的散射来获得多普勒频移，算出相应的速度，从而获得风速的大小。对于激光雷达来说，一般都需要发射光学天线和接收光学天线，以将发射的激光能量集中到目标上并尽多地收集从目标散射回来的光。

一台激光测风雷达通常由激光器、入射光学单元、接收或者收集光学单元、多普勒信号处理器(探测器)、数据处理系统等组成。英国 QinetiQ 公司于 2004 年开发出一种全光纤小型激光多普勒测风系统(ZephIR 系统)，在 2005 年开始进行批量生产。该系统采用 1.55μm 人眼安全的电信级连续窄线宽光纤激光器作为激光发射源，可以实时测量低空大气各目标层水平风速，作用距离为 5~200m，风速测量范围为 1~38m/s，测量精度为 ±0.1m/s。俄罗斯的激光系统公司采用 1.55μm 窄线宽 1~2W 的连续光纤激光器研制出短程的激光多普勒测风雷达，采用多轴旋转光电平台进行风场的圆锥扫描，系统作用距离为 5~200m，测量精度为 ±0.1m/s，距离分辨精度达到作用距离的 10%。

2. 风速在线监测设备的介绍

美国 Airmar 公司生产的 WX 系列超声波气象站可以满足实时获取特定场所的气象信息的需要，精确的测量结果帮助组织机构现场或远程监测气象变化（图 4.123）。美国 Airmar 公司 WX 系列气象站是一个在线式测量的传感器，可以测量相对风速和风向、气压、空气温度和湿度、露点和风寒温度，如果带有可选的内置罗盘和 GPS（150WX 和 300WX），就可以测量实际风速、风向。

仪器由工作电缆提供 12V 直流电压供电，采用 RS-232、RS-422 或 CAN 数据接口完成数据采集和传输任务，风速测量范围为 0~70m/s，分辨率达到 0.1m/s。

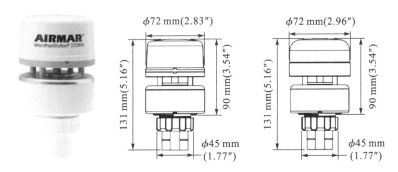

图 4.123　美国 Airmar 公司生产的 WX 系列超声波气象站

4.4.2　风向的监测

1. 风向的监测方法

风向传感器由风向标组件和角度变换电路组成，后者包括格雷码盘和光电电路。有风时，风向标组件随风向旋转，每转过 2.8125°，光电变换电路便输出一组新的 7 位并行格雷码。在风向传感器转动时，7 位输出信号为不同脉宽和相位的脉冲信号，每一位的电压在 0~5V 间交替变换。

风向传感器的感应组件为三杯式风杯组件，当风速大于 0.4m/s 时就产生旋转，信号变换电路为霍尔集成电路。在水平风力驱动下风杯组旋转，通过主轴带动磁棒盘旋转，其上数十只小磁体形成若干个旋转的磁场，利用霍尔磁敏元件感应出脉冲信号，其频率随风速的增大而线性增加。计算公式为

$$V=0.1F \qquad (4.31)$$

式中，V 为风速，m/s；F 为脉冲频率，Hz。

　　风向传感器的感应组件为前端装有辅助标板的单板式风向标。角度变换采用的是 7 位格雷码光电码盘。当风向标随风旋转时,通过主轴带动码盘旋转,每转动 2.8125°,位于码盘上下两侧的7组发光与接收光电器件就会产生一组新的7位并行格雷码,经过整形、倒相后输出。传感器结构组成如图 4.124 所示。

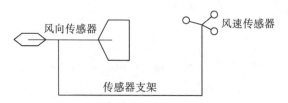

图 4.124　传感器结构组成图

　　其硬件电路主要由主控制模块、输入模块、输出模块和通信模块 4 部分构成。硬件电路示意图如图 4.125 所示。

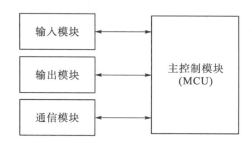

图 4.125　硬件电路示意图

　　方位-角度-格雷码-二进制码对照表是风向测量单片机编程的重要依据。风向测量先测得 7 位格雷码的输入,格雷码是一种绝对编码方式,属于可靠性编码,此种编码方式可使错误最小化。通过 7 位输入值计算出格雷码,再通过格雷码换算成二进制码,最后通过类似表 4.25 查表得出风向角度。

表 4.25　格雷码换算表

方位	角度/(°)	格雷码	二进制码
0	0	0000000	0000000
1	3	0000001	0000001
2	6	0000011	0000010
3	8	0000010	0000011
⋮	⋮	⋮	⋮
125	352	1000011	1111101

2. 风向监测仪器的介绍

美国 Airmar 公司生产的 WX 系列超声波气象站可提供风向的监测。风向范围为 0～

$360°$，风向精度在 0～55℃环境下，低风速(2～5m/s)时为 5°，高风速(>5m/s)时为 2°。

4.4.3 气温的监测

1. 气温的监测方法

气温传感器采用铂电阻温度传感器，它是利用金属铂电阻值随温度变化的原理制作而成，电阻与温度的关系如下：

$$R_t = R_0(1 + At + \beta t^2) \tag{4.32}$$

式中，A、β 为系数，$A = \alpha\left(1 + \dfrac{\delta}{100}\right)$，$\beta = -\alpha\delta \times 10^{-4}$；$R_t$、$R_0$ 分别是温度为 t 和 0℃时的电阻值，$R_0 = 100\Omega$。

以 Pt100 铂电阻为例，α=0.00385，β=0.10883，δ=1.4999，$R_0 = 100\Omega$。

2. 气温在线监测传感器的介绍

美国 Airmar 公司生产的 WX 系列超声波气象站可进行气温的监测，气温测量范围为 -40～55℃，气温分辨率可达到 0.1℃。

此外，德国 STEPS 公司生产的 T-Warner 气象工作站也具有气温监测的功能。该仪器如图 4.126 所示。室外温度测量范围是-10～60℃，室内温度测量范围是-10～80℃。该设备使用 7.5V 直流电或者交流电工作，也可使用电池进行工作[68]。

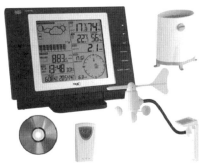

图 4.126　德国 STEPS 公司生产的 T-Warner 气象工作站

4.4.4 气压的监测

1. 气压的监测方法

气压传感器一般采用电容式传感方法。其工作原理是气压变化引起气压传感器电容变化，通过电容变化情况换算得到气压值。传感器的结构是将一层薄薄的单晶硅通过静电焊接在金属膜玻璃板上，在玻璃板的两边通过蚀刻形成金属导电硅膜，它与玻璃板形成平行电容器，大气压力变化会使硅膜形状发生改变，其间的电容也会改变。

该传感器的测量电路主要由 RC 振荡器组成，在振荡电路中有三个参考电容器（C_1、C_2、C_3）。使用参考电容器的目的是在连续测量过程中，用来检验电容压力传感器和电容温度补偿传感器。该传感器用微处理器自动进行压力线性修正和温度补偿，并输出稳定的数字信号和模拟信号。

气压传感器的原理是通过测量电压值换算成测量大气压力，其公式如下：

$$P = P_1 + \frac{P_r}{U_r}U \tag{4.33}$$

式中，P_1 为气压测量范围下限值，hPa；P_r 为量程范围，hPa；U_r 为输出电压量程范围，V；U 为输出电压，V。

此处详细介绍一款基于 MPX4115 的数字气压计，硬件处理电路为大气压传感器模拟信号的采集、转换、处理和显示，其结构示意图如图 4.127 所示。根据相应的软件需求设计控制程序。气压监测仪器的硬件主要由 4 部分组成，分别为单片机最小系统、气压信号采集电路、A/D 转换电路和 LED 显示电路。

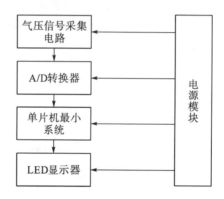

图 4.127　气压监测仪器系统结构框图

气压信号采集电路采用压力传感器 MPX4115，其类型是硅压力传感器。这种传感器在制造时引入先进的微电机技术，薄膜镀金属。工作温度范围是 0~85℃，在此温度范围内误差不超过 1.5%。

气压信号模数转换电路如图 4.128 所示，使用 ADC0832 作为 A/D 转换芯片，采用 8 位分辨率，转换时间短。在本仪器中，信号由气压传感器采集，然后交给 ADC0832 进行模数转换，并将转换结果传给单片机进行处理。

常用电路中，单片机与 ADC0832 之间采用 4 线制进行连接，ADC0832 端部的 4 个引脚依次采用 DO、DI、$\overline{\text{CS}}$ 和 CLK。但在通信过程中，单片机与 ADC0832 之间是单工通信，DO 引脚与 DI 引脚并不需要同时使用，所以本仪器将 DO 引脚和 DI 引脚并联在一起作分时使用。$\overline{\text{CS}}$ 引脚输入高电平时，芯片禁用，ADC0832 不能工作，此时其他引脚 CLK、DO、DI 电平状态可任意设置；$\overline{\text{CS}}$ 引脚输入低电平时，芯片启动，ADC0832 正常工作，可以进行 A/D 转换。在 ADC0832 转化过程中，$\overline{\text{CS}}$ 引脚必须一直保持低电平，直到转换结束。ADC0832 开始模数转换工作后，单片机将向 ADC0832 芯片的时钟输入端 CLK 发送脉冲信号，并使用 DO/DI 引脚中的 DI 端输入通道进行气压信号采集。在第 1 个时钟脉冲的下降沿到来之前，DI 引脚必须保持高电平，以表示启动开始信号。

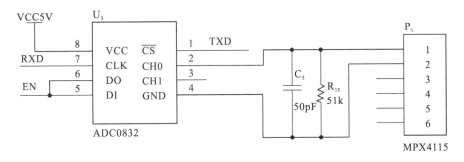

图 4.128　气压信号模转数换连接示意图

2. 气压在线监测仪器的介绍

美国 Airmar 公司生产的 WX 系列超声波气象站可进行气压的监测。该款仪器的气压测量范围为 800～1000mbar，气压分辨率可达到 0.1mbar。

第 5 章　数据采集与通信传输

数据采集是现代信号处理技术中一个必不可少的环节,对来自传感器或已用存储设备记录仪记录下来的模拟信号,必须先经过 A/D 转换后,再对其进行分析处理。A/D 转换过程包括采样、量化和编码等过程。首先,利用环境传感监测设备间隔的脉冲序列,从连续时间信号中抽取一系列离散样值,这称为采样过程。然后,将这些时间离散信号的幅值修约为规定的量级,即量化过程。最后,将这些量化了的幅值转换成一个二进制数字。这样,就将原模拟信号转换成时间上离散、幅值上量化的数字信号。如果采样间隔过密,那么可处理的信号长度就很短。从被处理信号总体上看,这一很短的信号样本可能不具备代表性,处理后的结果可能会失真,不能完全准确地反映信号中的全部信息特别是低频信息;同时,还会增大背景噪声,降低信号的频域分辨力。所以,在选取时要兼顾采样频率和采样长度两方面的要求,即在满足采样定理的前提下,不宜把采样点选得过密。对于高频有用信号,则应采用高速数据采集结合大容量计算机系统来解决取样长度不够的问题[69,70]。

5.1　数　据　采　集

5.1.1　采样

为了对模拟信号用数字方法进行处理,必须在发射端将模拟信号数字化,即进行 A/D 转换;在接收端需进行相反的转换,即 D/A 转换。模/数转换过程包括三个内容:一是采样,二是量化,三是编码。一个模拟信号首先经过预采样滤波器对信号进行调制,然后由采样器在每个采样时刻读出一个数据;再由模数转换器(ADC)量化为二进制数码,数据最后保存到存储器用于数字信号处理。

5.1.2　模/数转换器

数/模转换器,又称 D/A 转换器,简称 DAC,它是把数字量转变成模拟量的器件。D/A 转换器基本上由 4 个部分组成:权电阻网络、运算放大器、基准电源和模拟开关。最常见的数/模转换器是将并行二进制的数字量转换为直流电压或直流电流,常用作过程控制计算机系统的输出通道,与执行器相连,实现对生产过程的自动控制。数/模转换器电路还用在利用反馈技术的模/数转换器设计中。模/数转换器中一般都要用到数/模转换器,模/数转换器即 A/D 转换器,简称 ADC,它是把连续的模拟信号转变为离散的数字信号的器件。模/数转换器是整个数据采集系统的核心,它的性能直接影响系统的性能。A/D 转换器主要由数字寄存器、模拟电子开关、位权网络、求和运算放大器和基准电压源(或恒流源)组成。用存于数字寄存器的数字量的各位数码,分别控制对应位的模拟电子开关,使数码为 1 的位在位权网络上产生与其位权成正比的电流值,再由运算放大器对各电流值进行求和,并转换成电压值。实质上,A/D 转换器是模拟系统到数字系统的接口电路。一个完整的模数转换过程必须包括采样、保持、量化、编码等四个部分。

5.1.3　采样方式

常见的采样方式可分为实时采样和等效时间采样两大类。实时采样是在信号存在期间采样。按照采样定理,采样速率必须高于信号中最高频率分量的 2 倍;对于周期性正弦信号,一个周期内应该至少有两个采样点。实时采样除了通常使用的定时采样外,还常常使用等点采样,即变步长采样。这种采样方法不论被测信号频率为多少,一个信号周期内均匀采样的点数总共为 N 个,称为等效时间采样。

5.2　数　据　显　示

数字式显示仪表的基本构成方式如图 5.1 所示。图 5.1 中各基本单元可以根据需要进行组合,以构成不同用途的数字式显示仪表。将其中的一个或几个电路制成专用功能模块电路,若干个模块组装起来,即可制成一台完整的数字式显示仪表。

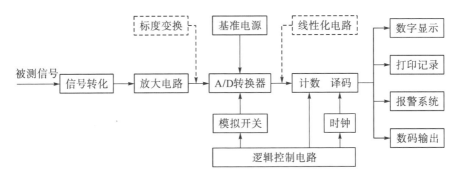

图 5.1　数字式显示仪表的基本构成图

在触发信号到来之前,逻辑分析仪不断地采集和存储数据,一旦触发信号到来,存满观察窗口数据后,立即转入显示阶段。根据逻辑分析仪的用途不同,显示的方式也是多种多样的,主要有状态表显示和定时图显示两类,此外,还有矢量图显示、映射图显示、多窗口显示等。

仪器的模拟信号处理部分通常设有一个信号转换和收集装置,测量信号转换电路和放大电路的作用是将各种传感器或换能器转换成电压并放大,以在一定范围内以特定幅度值表示,用于后续处理电路。某些仪器还配备有一个过滤器,以提高信号的信噪比。

测量仪器的数字部分通常由计数器、解码器和时钟脉冲发生器组成,包含显示驱动电路和控制逻辑电路。转化后,将放大的模拟信号由 A/D 转换器转换成相应的数字值,编码时通过驱动器向显示装置转递数字并显示。通用数字显示装置常用发光二极管(LED)、液晶(LCD)显示器等。

数字显示仪器显示数字还可以通过除数字以外的形式输出，可以进行警报或打印记录。如果必要的话，也可以是数码形式输出，供计算机进行数据处理。

逻辑控制电路是数字显示不可或缺的组成部分之一，它对表各组成部分的工作起着协调指挥作用。目前，许多数字显示仪表微处理器集成电路芯片已经代替常规数字控制电路使用的逻辑控制仪器，而制动器由软件程序进行控制。

用于工业的数字显示仪表往往还设置有标度转化和线性化电路。标度转化电路用于转换所述信号维数，数字仪表显示所测量的物理量。线性化电路的作用是克服一些低通滤波器(例如热电偶、热电阻等)的非线性特性，使得数字显示仪的输出保持良好的线性测量关系。

5.3 数字通信系统

数字通信是指用数字形式传输消息或用数字形式对载波信号进行调制后再传输的通信方式。常规的电话和电视都属于模拟通信。电话和电视模拟信号经数字化后，再进行数字信号的调制和传输，便称为数字电话和数字电视。以计算机为终端机的相互间的数据通信，因信号本身就是数字形式，而属于数字通信。卫星通信中采用时分或码分的多路通信也属于数字通信。信源输出的是模拟信号，经过数字终端的信源编码器成为数字信号，终端输出的数字信号经过信道编码器后变成适合于信道传输的数字信号，然后由解调器把数字信号调制到系统所使用的数字信道上，再传输到接收端，经过相反的转换后最终送到信宿[71,72]。

1. 数字通信系统定义

数字通信系统由信源把原始信息变换成原始电信号，经过数字调制步骤，完成信源编码和信道编码，信号可通过有线信道(如电缆、光纤)和无线信道(如自由空间)两种信道进行传输。

信源编码实现模拟信号的数字化传输(即完成 A/D 转化)，提高信号传输的有效性。即在保证一定传输质量的前提下，用尽可能少的数字脉冲来表示信源产生的信息。信源编码也称为频带压缩编码或数据压缩编码。信道编码的主要目的在于解决数字通信的可靠性问题。信道编码对传输的信息码元按一定的规则加入一些冗余码(监督码)，形成新的码字，接收端按照约定好的规律进行检错甚至纠错。

完成信道编码后，下一步就把数字基带信号的频谱搬移到高频处，形成适合在信道中传输的频带信号，称为数字调制。数字调制的主要作用是提高信号在信道上传输的效率，达到信号远距离传输的目的。基本的数字调制方式有振幅键控 ASK、频移键控 FSK 和相移键控 PSK[73]。

信号传输过程中，噪声源对信号会有一定的影响。目前，多采用数字通信系统，因此，抗干扰能力得到了增强。在数字通信中，传输的信号幅度是离散的，以二进制为例，信号的取值只有两个，这样接收端只需判别两种状态。信号在传输过程中受噪声的干扰，必然会波形失真，接收端对其进行抽样判决，以辨别是两种状态中的哪一个。只要噪声的大小不足以影响判决的正确性，就能正确接收(再生)。而在模拟通信中，传输的信号幅度是连续变化的，一旦叠加上噪声，即使噪声很小，也很难消除它。数字通信抗噪声性能好，还表现在微波中继通信时，它可以消除噪声积累。这是因为数字信号在每次再生后，只要不发生错码，它仍然像信源中发出的信号一样，没有噪声叠加在上面。因此即使中继站再多，数字通信仍具有良好的通信质量。而模拟中继通信时，只能增加信号能量(对信号放大)，而不能消除噪声[74]。

此外，数字信号在传输过程中出现的错误(差错)可通过纠错编码技术来控制，以提高传输的可靠性。数字信号与模拟信号相比，数字信号更容易加密和解密。因此，数字通信保密性好。由于计算机技术、数字存储技术、数字交换技术以及数字处理技术等现代技术飞速发展，许多设备、终端接口均是数字信号，因此，数字信号传输极易与数字通信系统相连接。

当然，数字信号传输也有一定的缺点，数字信号传输频带利用率不高。系统的频带利用率，可用系统允许最大传输带宽(信道的带宽)与每路信号的有效带宽之比来表示。数字信号占用的频带宽，以电话为例，一路模拟电话通常只占据 4kHz 带宽，但一路接近同样话音质量的数字电话要占据 20~60kHz 的带宽。因此，如果系统传输带宽一定的话，模拟电话的频带利用率要高出数字电话的 5~15 倍。数字通信中，要准确恢复信号，接收端需要严格的同步系统，以保持接收端和发射端严格的节拍一致、编组一致。因此，数字通信系统及设备一般都比较复杂，体积较大。

不过，随着新的宽带传输信道(如光导纤维)的采用、窄带调制技术和超大规模集成电路的发展，数字通信的这些缺点已经弱化。随着微电子技术和计算机技术的迅猛发展和广泛应用，数字通信在今后的通信方式中必将逐步取代模拟通信而占主导地位。

2. 数字通信系统分类

数字通信系统可进一步细分为数字频带传输通信系统、数字基带传输通信系统和模拟信号数字化传输通信系统。

1) 数字频带传输通信系统

数字通信的基本特征是，它的消息或信号具有离散或数字的特性，从而使数字通信具有许多特殊的问题。在模拟通信中，强调变换的线性特性，即强调已调参量与代表消息的基带信号之间的比例特性；而在数字通信中，则强调已调参量与代表消息的数字信号之间的一一对应关系。

另外，数字通信还存在以下突出问题：①数字信号传输时，信道噪声或干扰所造成的差错原则上是可以控制的，这是通过差错控制编码来实现的。于是，就需要在发送端增加一个编码器，在接收端也相应需要一个解码器；②当需要实现保密通信时，可对数字基带信号进行人为"扰乱"(加密)，此时在接收端就必须进行解密；③由于数字通信传输的是一个接一个按一定节拍传送的数字信号，因而接收端必须有一个与发送端相同的节拍，否则就会因收发步调不一致而造成混乱；④为了表述消息内容，基带信号都是按消息特征进行编组的，于是，在收发之间的一组组编码的规律也必须一致，否则接收时消息的真正内容将无法恢复。在数字通信中，称节拍一致为"位同步"或"码元同步"，而称编组一致为"群同步"或"帧同步"，故数字通信中还必须有"同步"这个重要问题。

综上所述，点对点的数字通信系统模型一般可用图 5.2 所示。

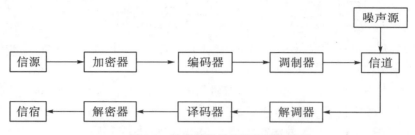

图 5.2 数字频带传输通信系统模型

需要说明的是，图中调制器/解调器、加密器/解密器、编码器/译码器等环节，在具体通信系统中是否全部采用，这要取决于具体设计条件和要求。但在一个系统中，如果发送端有调制/加密/编码，则接收端必须有解调/解密/译码。通常把有调制器/解调器的数字通信系统称为数字频带传输通信系统。

2) 数字基带传输通信系统

与频带传输系统相对应，把没有调制器/解调器的数字通信系统称为数字基带传输通信系统，如图 5.3 所示。

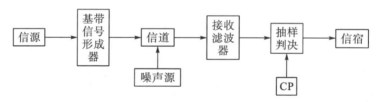

图 5.3 数字基带传输通信系统模型

图 5.3 中基带信号形成器可能包括编码器、加密器以及波形变换等，接收滤波器亦可能包括译码器、解密器等。

3) 模拟信号数字化传输通信系统

上面论述的数字通信系统中，信源输出的信号均为数字基带信号，实际上，在日常生活中大部分信号(如语音信号)为连续变化的模拟信号。那么要实现模拟信号在数字系统中的传输，则必须在发送端将模拟信号数字化，即进行 A/D 转换；在接收端需进行相反的转换，即 D/A 转换。实现模拟信号数字化传输的系统如图 5.4 所示。

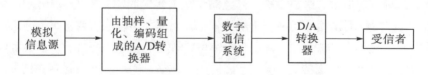

图 5.4 模拟信号数字化传输系统示意图

5.4　数　据　传　输

数据传输是将数据从一个地方转移到另一个地方的通信过程。数据传输系统通常是由两端的传输信道和数据终端设备组成，在某些情况下，还包括两端的信道多路复用设备。传输信道可以是一个专用的通信信道，也可以通过网络、电话网络或其他类型的交换网络提供。数据传输系统的输入和输出设备终端或计算机通常称为数据终端设备，数据通常由字母、数字和符号组成。为了传递信息，必须用每个字母、数字或符号来表示二进制代码。常用的二进制代码有五个国际号码(IA5)、EBCDIC 代码、国际电报号码(ITA2)和信息交换的汉字代码[75]。

基带传输是指由数据终端设备(DTE)送出的二进制"1"或"0"的电信号直接送到电路的传输方式。基带信号未经调制，可以经过码形变换(或波形变换)驱动后直接传输。基带信号的特点是频谱中含有直流、低频和高频分量，随着频率升高，其幅度相应减小，最后趋于零。基带传输多用在短距离的数据传输中，近程计算机间数据通信或局域网中用双绞线或同轴电缆为介质的数据传输。

大多数传输信道具有带通型特性，基带信号通不过。采用调制方法把基带信号调制到信道带宽范围内进行传输，接收端通过解调方法再还原出基带信号的方式，称为频带传输。这种方式可实现远距离的数据通信，例如利用电话网可实现全国或全球范围的数据通信。

数字数据传输是利用数字话路传输数据信号的一种方式。例如，脉冲编码调制数字电话通路，每一个话路可以传输 64kbps 的数据信号，不需要调制，效率高，传输质量好，是数据通信很好的一种传输方式。

1. 并行传输

并行传输是构成字符的二进制代码在并行信道上同时传输的方式。例如，8 单位代码字符要用 8 条信道并行同时传输，一次即可传一个字符，收、发双方不存在字符同步问题，速度快，但信道多、投资大，数据传输中很少采用，不适于做较长距离的通信，常用于计算机内部或同一系统内设备间的通信。

2. 串行传输

串行传输是构成字符的二进制代码在一条信道上以位(码元)为单位，按时间顺序逐位传输的方式。按位发送，逐位接收，同时还要确认字符，所以要采取同步措施。速度虽慢，但只需一条传输信道，投资小，易于实现，是数据传输采用的主要传输方式，也是计算机通信的主要方式。

3. 异步传输

异步传输是字符异步传输的方式，又称起止式同步。当发送一个字符代码时，字符前面要加一个"起"信号，长度为 1 个码元宽，极性为"0"，即空号极性；而在发完一个字符后面加一个"止"信号，长度为 1、1.5(国际 2 号代码时用)或 2 个码元宽，极性为

"1"，即传号极性。接收端通过监测起、止信号，即可区分出所传输的字符。字符可以连续发送，也可单独发送，不发送字符时，连续发送止信号。每一个字符起始时刻可以是任意的，一个字符内码元长度是相等的，接收端通过止信号到起信号的跳变来监测一个新字符的开始。该方式简单，收、发双方时钟信号不需要精确同步。缺点是增加了起、止信号，效率低，常使用于低速数据传输中。

4. 同步传输

同步传输是位(码元)同步传输方式。该方式必须在收、发双方建立精确的位定时信号，以便正确区分每位数据信号。在传输中，数据要分成组(或称帧)，一组含多个字符代码或独立码元。在发送数据前，在每组开始位置必须加上规定的组同步码元序列，接收端监测出该序列标志后，确定组的开始，建立双方同步。接收端 DCE 从接收序列中提取位定时信号，从而达到位(码元)同步的目的。同步传输不加起、止信号，传输效率高，使用于2400bps 以上数据传输，但技术比较复杂。

5. 单工传输、半双工传输和全双工传输

单工传输指数据只能按单一方向发送和接收；半双工传输指数据可以在两个方向传输但不能同时进行，即收、发交替；全双工传输指数据可以在两个方向同时传输，即同时收和发。一般四线线路为全双工数据传输，二线线路可实现全双工数据传输[76]。

5.5　通　信　协　议

通信协议主要由以下三个要素组成：①语法，即如何通信，包括数据的格式、编码和信号等级(电平的高低)等；②语义，即通信内容，包括数据内容、含义以及控制信息等；③定时规则(时序)，即何时通信，明确通信的顺序、速率匹配和排序。所有的通信包都由 ACSII 码字符组成，通信协议具有层次性、可靠性和有效性。

编辑分层通信体系结构的基本概念如下：将通信功能分为若干个层次，每一个层次完成一部分功能，各个层次相互配合共同完成通信的功能。每一层只和直接相邻的两层打交道，它利用下一层提供的功能向高一层提供本层所能完成的服务。每一层是独立的，隔层都可以采用最适合的技术来实现，每一个层次可以单独进行开发和测试。当某层技术发生变化时，只要接口关系保持不变，则其他层不受影响。分层结构中，每一层实现相对独立的功能，下层向上层提供服务，上层是下层的用户，各个层次相互配合，共同完成通信的功能。协议分层结构中，将网络体系进行分层就是把复杂的通信网络协调问题进行分解，再分别处理，使复杂的问题简化，以便于网络的理解及各部分的设计和实现。协议仅针对某一层，为同等实体之间的通信制定，易于实现和维护，灵活性较好，结构上可分割[77]。

图 5.5 所示为一个通信协议数据结构的示例。

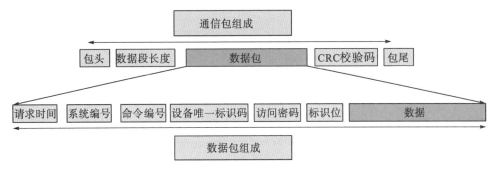

图 5.5　通信协议数据结构

整个通信包包括包头、数据段长度、数据包、CRC 校验码以及包尾五个组成部分。其中数据包由请求时间、系统编号、命令编号、设备唯一标识码、访问密码、标识位以及数据七部分组成。其中设备唯一标识码由用户机构统一管理，各个在线监测设备传输数据时使用此标识码作为凭证。数据包的数据部分为实际要表达的信息，下面对其结构进行说明。

5.5.1　数据格式

字段与其值用"="连接；在数据区中，不同字段之间用"；"来分隔。

时间格式：YYYY 表示年，如 2005 表示 2005 年；MM 表示月，如 09 表示 9 月；DD表示日，如 23 表示 23 日；HH 表示小时；MIN 表示分钟；SS 表示秒；ZZZ 表示毫秒。

5.5.2　常用协议

局域网中常用的通信协议主要包括 TCP/IP、NETBEUI 和 IPX/SPX 三种，每种协议都有其适用的应用环境。

TCP/IP（transport control protocol/internet protocol，传输控制协议/Internet 协议）的历史应当追溯到 Internet 的前身——ARPAnet 时代。为了实现不同网络之间的互联，美国国防部于 1977~1979 年制定了 TCP/IP 体系结构和协议。TCP/IP 是由一组具有专业用途的多个子协议组合而成的，这些子协议包括 TCP、IP、UDP、ARP、ICMP 等。TCP/IP 凭借其实现成本低、在多平台间通信安全可靠以及可路由性等优势迅速发展，成为 Internet 中的标准协议。在 20 世纪 90 年代，TCP/IP 已经成为局域网中的首选协议，在最新的操作系统中已经将 TCP/IP 作为其默认安装的通信协议。

NetBEUI（NetBIOS 增强用户接口）协议由 NetBIOS（网络基本输入输出系统）发展完善而来，该协议只需进行简单的配置和较少的网络资源消耗，并且可以提供非常好的纠错功能，是一种快速有效的协议。不过由于其有限的网络节点支持（最多支持 254 个节点）和非路由性，使其仅适用于基于 Windows 操作系统的小型局域网中。

IPX/SPX（网际包交换/序列包交换）协议主要应用于基于 NetWare 操作系统的 Novell局域网中，基于其他操作系统的局域网（如 Windows Server 2012）能够通过 IPX/SPX 协议与 Novell 网进行通信。在 Windows 2000/XP/2003 系统中，IPX/SPX 协议和 NetBEUI 协议被统称为 NWLink。

5.5.3　数据正确性校验

对于数据逻辑正确性(合理性)的校验,数据发送方应在数据监测、获取完成后,数据发送、传输前根据在线监测仪器能力对数据进行基本的正确性和合理性验证,例如,pH监测能力为 3.5~13,如果数据超出了传感器能力或量程,应不上传此次数据,如果数据长期不在合理取值范围,在线监测仪器应发出报警,提示可能发生了仪器故障,需要进行检查;数据接收方应在数据接收完成后,存入数据库前应对数据的业务逻辑关系进行基本的正确性和合理性验证。例如,根据基本认知,0<pH<14,如果数据不在此合理范围内,应不上传此次数据;如果数据长期不在合理取值范围,数据接收方应对数据发送方发出报警,提示可能发生了仪器故障,需要进行检查。

对于数据传输正确性的校验,按照通信协议规范,无论传感器监测数据、图像数据或视频数据都有相应的数据传输正确性校验方式,通信双方应遵守协议规范,实现数据传输正确性的校验。

第6章 在线感知仪器的日常维护与管理

随着环保技术和管理水平的日益完善和发展,在线感知系统在实际生态环境监测中得到广泛应用。如何保证在线感知系统的长周期运行,保证数据的有效性,一直以来是监管、监理人员共同关注的问题。在线感知系统的日常维护和仪器运行的稳定优劣,直接决定着监测数据的准确性、精密性、代表性、完整性和可比性。在线感知系统具有连续运行、维护周期长、工作环境较恶劣等特点。影响在线监测数据的因素是多方面的,主要有使用环境、采水和配水、仪器运行、试剂与标准溶液等,实际工作中有针对性地从在线监测仪器设备和系统的维护与管理、数据质量控制及校正等方面展开细致工作,就可以有效提高在线监测的准确性,使其数据具有代表性,同时可实现系统长期有效平稳运行[78,79]。

6.1 在线环境监测设备的安装

6.1.1 原位监测式安装

1.水质原位监测设备安装

水质原位监测设备按照外观及防水性能可分为水体浸入式和水体防水式两类。水体浸入式仪器可解释为该类仪器在安装及使用过程中,其机身可全部放入水下 5m 范围内;水体防水式仪器可解释为该类仪器安装及使用过程中,其机身不能与水接触,需长期存放于干燥环境中。

水体浸入式仪器采用浮标嵌入式安装,分析仪与数据采集传输仪的电缆加保护管空中架设在牢固的浮标体内,电缆两端作上明显标识,保证信号传输稳定,抗干扰能力强。

水体防水式仪器设计有水预处理系统,分为进水口、出水口和溢流口。进水口连接采样水泵出水口,采样水泵进水口通过 25PVC 管材接到水体中。设备出水口和溢流口通过管材再连接到水体中。水样经过预处理系统循环之后,仪器未运行时返回水体。待仪器开始运行时,经过预处理的水进入仪器,用于分析使用。

2. 水质监测系统条件保证单元

水质监测系统条件保证单元包含浮标浮体、锚泊系统、太阳能供电系统、防护单元、远程数据采集及传输单元、水质监测传感器、中心监控平台等部分,其防水性能达 IP68 等级。锚泊系统由浮子、水平缆绳、垂直锚链和锚组成。浮体漂浮于水面上,浮子通过水平缆绳与浮体连接,通过垂直锚链与锚相连,将浮标固定于水底,保证浮标在风浪下的姿态,浮子又可作为多次投放的位置标志。防护单元采用 GPS 卫星定位系统实现对浮标的定位管理，GPS 接收地理信息，可以实时监控污染的范围和浮标地理位置。采用 GPS 定位系统，用 Modbus 协议与水质监测传感器和 GPS 接收模块通信，GPS 定位水质原位分析仪作为核心模块，采用适用于长期水质监测的投入式防水设计，运行周期长，维护量低，可以直接投入水体中实施原位测量。

1）供电系统

浮标型监测系统包含风力供电系统和太阳能供电系统。太阳能供电系统包括太阳能电池板、铅蓄电池组及太阳能控制器。电池板将太阳能转换为电能，存储于铅蓄电池，无充电的状态下满足仪器 14 天使用需要；风力供电系统包括漂浮式平台、鼓风机、整流栅、直驱式风力发电机、风机塔架、浮板、缆绳、轴流桨叶、箱体、轴流桨叶驱动电机、风速传感器、倾角传感器、液体流量传感器和转速传感器；上位机与下位机控制柜的 DSP 主控制芯片连接。

仪器设备及控制用电的电源容量为两相（220V）8kW 左右；工作电源 AC（220±10%）V。考虑库区阴雨天较多，适当加大电池容量，如有其他用电需求，可适量考虑增加供电能力，满足设备 15 天阴雨天连续工作，同时保障电池性能具有抗电磁干扰能力。

2）通信系统

因浮标监测设备大多分布野外，故结合北斗卫星通信等手段可采用 RS-232、专线有线或无线 Modem、TCP/IP、UCP、GPRS 无线和 CDMA 无线通信、卫星通信等方式，组建方便灵活的传输网络。系统不仅支持野外就地拖拽式数据下载，还能实现远程实时数据流传输和文件包下载。

3. 水设备调试

在现场完成水质在线监测仪器的安装、初试后，对在线监测仪器进行调试，调试连续运行时间不少于 72h。每天进行零点校准和量程校准检查，当累积漂移超过规定指标时，需将监测仪器运回实验室重新标定和调整。

编制水质在线监测仪器调试期间的零点漂移和量程漂移测试报告。确保数据采集传输仪和水质在线监测仪器正确连接，数据可正常获取、传输和记录。

4. 原位监测式设备安装要求

（1）安装时监测设备探头距离水面至少 0.5m 左右。

（2）浮标站台应置于 5m 以上水深的区域，浮标用锚系固定在水面。

（3）设备应做防雷保护，在设备 220V 进线端接入防雷模块。

（4）设备应安装预处理系统。水中杂质较多，易导致管路堵塞、九通阀故障、维护频率高、仪器寿命缩短。

（5）现场湿度过大，易导致藻类生长腐蚀设备，应在浮标体内放置干燥剂，并定期对仪器进行清理。

6.1.2　站房式安装

1. 站房式在线监测站主体技术要求

站房式在线监测站以站房为主体建筑物，安置水环境监测系统仪器和运行保障设施。主体建筑物由仪器间、质控用房和生活用房组成。外部保障设施是指能引入清洁水、通电、有通信条件、开通的道路以及平整、绿化和固化的站房所辖范围的土地。

主体建筑中仪器间使用面积的确定，以满足仪器设备的安装及保证操作人员方便地操作和维修仪器设备为原则，一般不小于 $40m^2$。质控用房和生活用房的使用面积以操作和管理人员实际所需确定。

站房的土建、防雷、供电等需由相应工程资质单位承接施工。站房的基本要求如下。

(1)站房基本配置为：仪器用房不小于 $40m^2$，其中用于安装仪器的单面连续墙面的净长度不小于 8m，工作辅助用房 $20m^2$，值守人员生活用房 $40m^2$。

(2)站房结构：站房使用砖混结构或框架结构，耐久年限不小于 50 年。

(3)抗震设计：根据当地抗震设防烈度进行抗震设计。

(4)站房地面的高度：根据当地水位变化情况而定，站房地面标高±0.001m。

(5)道路：通往水质自动监测站应有硬化道路，路宽≥3.0m，且与干线公路相通。站房前有适量空地，保证车辆的停放和物资的运输。

(6)站房式样：站房外形的设计应因地制宜，外观美观大方，结构经济实用。在风景区应与周边景物协调一致。

(7)站房征地：根据上述要求和当地情况综合考虑征地面积。

(8)站房基础及外环境：站房根据当地地质情况进行设计和建设，遇软弱地基时做相应的地基处理。站房周围作水泥混凝土地面；站房外地面平整，周围干净整洁，有利于排水，并有适当绿化。站房设置排水系统，排水点设置在采水点的下游，排水点与采水点间的距离大于 10m。

(9)站房暖通：仪器间内有空调和冬季采暖设备，室内温度应当保持在 18～28℃，湿度在 60%以内。空调具有来电自动复位功能。另外应当采取必要的保温措施，防止冬季因停电造成室内温度下降而造成系统损坏。

(10)站房仪器间：室内地面铺设防水、防滑地砖，站房地面向有排水孔的方向倾斜一定的角度，使室内积水排出。

(11)仪器间内设有专用清洁水源(一般为自来水)管道接口(DN20)，并装有截止阀。不具备自来水的地方使用井水，但需在辅助用房顶部或站房内距地面 2m 的位置建高位水箱并装备自动补水系统，水箱容积为 $2m^3$ 左右。井水中泥沙含量高时应增配过滤设备。

(12)辅助用房内配有防酸碱化学试验台 1 套(长度 1.5～2m)，并且配备 4 个试验凳，台上可以放置实验室仪器，台下有工作柜，便于放置试剂。分析间内备有上下水、洗手池等。

(13)站房接地：站房接地系统在站房建设时同步考虑，在站房内设有接地的地线端子排。

2. 配套设施建设要求

本书所列所有配套设施均为正常运行水质自动监测站所必需的配套部分,需要切实地贯彻实施。

1) 供电系统

水质自动监测站采用交流 220V、三相四线制,频率 50Hz,容量大于 15kW 的供电电源,其电压在接至站房内总配电箱处时的电压降小于 5%。

电源电路供电平稳,电压波动和频率波动需符合国家及行业的相关规定。电源线引入方式符合相关的国家标准,站房内部电源线实施屏蔽。穿墙时预埋穿墙管。设置站房总配电箱,箱中有电表及空气总开关。在总配电箱处进行重复接地,确保零、地线分开,其间相位差为零,并采取电源防雷措施。从总配电箱引入单独一路三相电源到仪器间,并在指定位置设置自动监测系统专用动力配电箱。照明、空调及其他生活用电(220V)、稳压电源和采水泵供电(220V)分相使用。

仪器设备及控制用电为两相(220V)8kW 左右;仪器间空调及站房照明、生活用电为两相(220V)5kW;如有其他用电需求,可适量考虑增加供电能力。站房仪器间照明达到150lm,至少配备 40W 日光灯 2 盏,且配有控制开关;在空调安装的就近位置配备专用空调插座;同时在仪器间非仪器、设备安装墙面(距地面高 250mm)设有 2～3 个 220V 多用插座,方便临时用电。电源动力线和通信线、信号线相互屏蔽,以免产生电磁干扰。

2) 通信系统

站房内应当首先保证有 ADSL 网络接入,接入速度≥512kbps。ADSL 不能采用代理或非拨号上网的接入方式。

保证站房内有一条独立的通信线路,作为数据传输和远程控制之用,通信速率至少满足 9600bps,通过用电脑进行拨号上网确认。如果自动站配有专人值守,则另备一条线作为日常联络之用。通信电缆在靠近站房时无飞线,穿墙时,预埋穿墙管,并做好接地。

如果现场条件无法保证 ADSL 的接入,则需要测试站房内 GPRS/CDMA 通信方式是否可用,可以利用手机进行测试,同时询问当地的通信部门。

3) 给排水

(1) 样品水:采用潜水泵将被监测水样采入自动监测站站房内供仪器分析。采水管路室外部分采用加保护套管直埋或地沟铺设方式,采取防冻措施,埋没深度在冻土层以下。采水管路进入站房的位置靠近仪器安装的墙面下方,并设 PVC 或钢保护套管(DN150),保护套管高出地面 50mm。

(2) 排水:站房内所有排水均汇入排水总管道,并经外排水管道排入相应排水点;排水管径不小于 DN150,以保证排水畅通。另外需要注意采取防冻措施。排水管出水口高于河水最高洪水水位,并且设在采水点下游。站房内设置一个仪器设备专用的排水管道接口,采用 DN25 的 PVC 管或钢管,排水管道高出地面 50mm。

(3) 辅助用水:站房内引入自来水(或井水),必要时加设高位水箱。自来水的瞬时最大流量为 3m³/h,压力不小于 0.5kg/cm²,每次清洗用量不大于 1m³。房外区域有雨水排出系统,避免站房外地面积水。

3.其他辅助设施要求

水质自动监测站的安全问题也是必须加以重视的,从以往站点运行的经验和教训得出,适合当地的防雷接地系统是站点可靠运行、减少雷击和浪涌造成损失的必要条件。因此,要在站房建设的同时设计建设合格规范的防雷接地系统,包括建筑物雷电入侵防护和电力线、通信线路雷电入侵防护,以及电气接地、仪表接地、独立避雷针接地。在建设站房时预设烟感探测器、红外探测器的安装位置。

6.2　仪器的校准

6.2.1　仪器的定期校验

根据仪器的校准周期以及被监测水体的水质状况来确定校准周期。如果水质状况较差,则仪器的校准周期就应相应缩短。根据实际生产情况,在线监测仪器每月校准一次基本能够满足要求,校准周期不能超过仪器说明书规定的期限。仪器若长时间停机后重新启动,更换电极、泵管等或更换不同批号的试剂等,则必须进行仪器的校准试验。

6.2.2　仪器多点线性检验

在仪器线性范围内均匀选择 4~6 个浓度的标准溶液进行测试,计算其斜率和相关系数。如果发现标准曲线的斜率和相关系数发生显著的变化,在确保试剂质量以及非人为因素的前提下,应对监测仪器的性能进行检查。对仪器标准曲线的多点线性检验一般每半年进行一次即可,可保证仪器处于良好运行状态。

6.2.3　监测数据的审核判定

监测数据的审核是整个质量保证体系中最后一关,也是最有效的质量控制手段。在进行数据审核时,应按照实验室常规数据处理的要求进行检验和处理。对发现的异常数据,应从操作人员人为因素、试液的质量以及整个系统各个单元状况等环节逐个进行检查,查明原因,加以分析解决。

6.2.4　监测数据可比性分析控制

通常水质状况相对稳定,监测参数测定值的波动范围不大,通过与历史同期监测数据或与近期监测数据进行对比,如果监测数据变化比较明显,就应对其进行论证,必要时需进行人工采样分析,判断数据的真伪,决定是否加以剔除。如果数据的变化是由污染事故引起所致,其后的监测结果应有明确的变化规律,这时应增加在线采样监测的频次。

6.2.5　监测参数间的关系分析控制

由于物质本身的性质及其相互关系，几个参数的监测数据往往存在某种关系，为判断单个已实行质量控制措施的监测数据正确与否提供了依据。如化学需氧量的监测结果应大于高锰酸盐指数的监测值。例如，当溶解氧降低时，电导率、化学需氧量和高锰酸盐指数会随之升高；溶解氧高的水体硝酸盐氮浓度高于氨氮浓度，反之氨氮浓度高于硝酸盐氮浓度。通过对各监测参数之间规律性的了解，可以帮助对异常值的判断。

6.3　仪器的使用与维护

6.3.1　在线监测系统的定期清洗

水环境监测仪器本身一般具备在线清洗的功能，但如果水质较差，水中含有大量悬浮物质，随着时间的推移，采水和配水管路、反应池、传感器、电极和蠕动泵管等处会出现沉积物，导致传感器灵敏性降低，或影响样品、试液注入反应池中的体积，使监测分析仪器测定的结果产生偏差。定期清洗维护可减少偏差，使误差有效地控制在范围之内。对管路以及传感器、蠕动泵管等进行清洗或更换后，需对仪器进行重新标定，使系统始终处于良好的状态，保证监测数据的可靠性，同时可延长仪器的使用寿命。

6.3.2　试液的质量控制

试液的质量受多种因素的影响，比如试液的浓度、稳定性、储存期、容器的密闭性、环境状况等。因此，在线监测仪器所需的试液需要定期检查，如发现有沉淀、变色等现象，应及时更换、重配。不同试液的稳定性差别较大，对于稳定性较差或浓度较低的试液应分次少量配制，特殊的试液还应采取特殊的储存方法，如氧化性或还原性试液应采用棕色瓶储存以避免阳光直射。在温度较高的季节，试剂的分解速度会加快，应相应地缩短试液的更换周期。

6.3.3　标液或质控样控制

标液或质控样在水环境监测中主要用于精密度的管理，可选择仪器线性范围内上、下限浓度的 10% 和 90% 以及中间附近浓度值的质控样来进行检查。如果检查结果相对误差超过 20%，则说明在线监测仪器基线发生漂移，必须对仪器重新进行校准。一般每周应进行一次质控样检查。

6.3.4　室内外比较试验控制

比较试验应采用国家规定的标准监测分析方法进行实验室分析，并与仪器的测定结果相对比，判断仪器测定的准确度。对比试验应与仪器采用相同的水样，采样位置与仪器的取样位置尽量保持一致。若仪器需要过滤水样,则对比试验水样要用相同过滤材料过滤。

6.3.5　空白试验检验控制

通过对空白试验值的控制,可以相对消除纯溶剂中杂质、试剂中的杂质、分析过程中环境带来的污染等。对空白试验值既要控制其大小,也要控制其分散程度。通常一批试剂进行一次空白试验即可。

采取上述手段加强水质在线监测仪器(系统)控制的同时,还应加强监测人员业务、工作自觉性和主动性的培训,提高监测人员的责任心和综合素质,熟悉在线监测系统各单元构成,掌握在线监测仪器的原理和操作、维护技术,确保水质在线监测系统的正常、稳定运行。

6.3.6　仪器设备的日常维护

(1)每天维护内容:检查中心站服务器与各子站的数据传输情况是否正常。每日应对各子站至少调取一次数据,若发现某子站数据不能调取,应立即查明原因并及时排除故障。中心站每次调取数据时,应对各子站计算机的时钟和日历设置进行检查,若发现时钟和日历错误应及时调整。如系统具有远程诊断功能,应远程检查各子站仪器的运行状况是否异常。

(2)单周维护内容:　查看站房或者浮标站点区域是否有异常的污染源或干扰物。检查各监测仪器的运行状况和工作状态参数是否正常。检查采样和管路是否有漏液或堵塞现象以及各分析仪器采样流量是否正常。站房式监测站需清洗各监测仪器过滤器。检查监测仪器的采样入口与采样支路管线结合部之间安装的过滤膜的污染情况,若发现过滤膜明显污染应及时更换。各站点按要求填写维护记录表。

(3)双周维护内容(除单周维护内容):对监测数据进行备份;对分析仪进行校准检查,填写维护记录表。

(4)月维护内容(除双周维护内容外):清洗站房空调过滤网,防止尘土阻塞空调机过滤网影响运行效率。清洗仪器采样头,根据情况来进行全校准。

(5)季度维护内容:对整个系统进行全面检查。清洗总采样管采样头,清洗采样总管、水样采样管等,清洗后进行检漏测试。对监测设备进行质量校准,对分析仪进行精密度审核。检查试剂及耗材是否使用完毕,估算可用时间。进行仪器易损件检查,看是否需要更换;填写维护记录表,同时在 10 个工作日内出具季度维护报告。

(6)半年维护内容(除季维护内容外):水质监测设备按照国家标准、使用经验和厂家要求进行半年度保养,更换一次性过滤器,清洗管路,填写维护记录表。在 15 个工作日内出具半年维护报告。

(7)年度维护内容(除半年维护内容外):所有仪器按照国家标准、使用经验和厂家要求进行年度保养;完成仪器年度维护和大修或更换了仪器中的关键零部件后,对仪器重新进行多点校准、检查和附属设施易损件的更换;进行标准气体考核;填写维护记录表;在 20 个工作日内出具年度维护报告。

(8)特定维护内容：对仪器设备进行化学反应观测，仪器的零和跨点调整前后应分别完成一次多点校准，增加仪器的零和跨点检查以及多点校准的频率。完成上述维护内容应在维护记录表中体现。

6.4　应　用　案　例

6.4.1　设计思路

水生态环境是一个开放的高度复杂系统，要实现对水生态环境的污染控制、富营养化治理和水生态系统推演，精确监测和动态感知水生态环境，就必须对水生态环境信息进行定量监测。本应用案例主要介绍了将水质参数、气象参数、水文参数传感器进行集成，构建集数据采集、传输、控制于一体的水生生态监测浮标系统，为水生态环境监测提供参考，实现对水生态环境参数的原位、在线和连续监测[80,81]。

6.4.2　设计方案

水生态感知监测系统的主要内容是集成水环境监测的多个参数传感器，以浮标作为水环境监测仪器的承载平台，搭载可监测水文、水质、水生态和气象方面共20个参数的仪器，分别运用光学、电化学、声学等技术，获取环境中的物理量、化学量，将其转换为电信号予以收集、分析、处理。数据采集传输系统从水环境监测设备读取监测数据并通过无线方法进行远程传输。由太阳能和风能发电设备组成的供电系统保障各仪器设备运行所需的电能，进而实现浮标原位系统对该片水域环境的实时监测。由此，组成一套完整的水生态系统原位感知体系[82]。

水环境原位监测系统包括环境感知系统、供电系统和数据采集与传输系统(图6.1)，原位实时获取的环境感知数据通过无线传输方式传输至监测指挥决策平台，用于对环境感知数据的分析和处理。

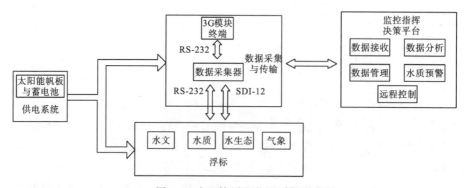

图6.1　水环境原位监测系统示意图

选用低功耗、高可靠的数据采集器，分别通过 SDI-12 接口连接多参数水质监测仪，RS-232 数据接口连接水质综合毒性监测仪、藻毒素原位监测仪、原位藻群细胞观测仪、

水体 CO_2 变化速率监测仪、营养盐监测仪、声学多普勒流速剖面仪以及超声波气象工作站，进行数据采集。根据各个监测指标的获取需求，即时调整各设备的运行频次，以获取充足的监测数据。将所采集的数据通过 RS-232 串口通信方式发送至 3G 路由器用于数据的无线传输。数据采集系统线路连接图如图 6.2 所示[51,83]。

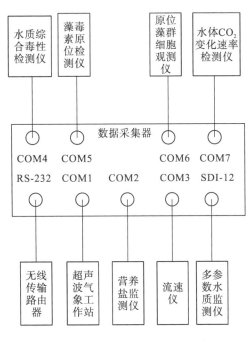

图 6.2　数据采集系统线路连接图

数据采集器配有 2GB 的存储空间。以仪器按照每天运行的最高频率计算，一天可产生约 350KB 的数据。因此，在传输系统实时传输数据失败的情况下，该数据采集器可存储约 5900 天的监测数据，供工作人员离线获取。

数据传输系统采用性价比较高的移动公用无线网络作为主要的通信手段，其中选用中国电信公司的 CDMA2000（3G）网络。每个指标发送频率根据实际需要进行调整。数据传输系统选用 3G 传输数据，可实现数据上行速率不低于 5.76Mbps，下行速率不低于 21.6Mbps。数据传输示意图如图 6.3 所示。

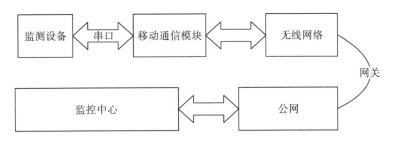

图 6.3　移动通信框架

本案例中的四个监测断面分别位于三峡库区重庆市云阳县澎溪河、奉节县草堂河、巫山县大宁河和湖北省兴山县香溪河,具体的位置信息及坐标见表 6.1。

表 6.1　断面位置信息及坐标

断面	位置	经纬度
澎溪河	重庆市云阳县高阳镇高阳平湖	N：31°6′11″；E：108°40′21″
草堂河	重庆市奉节县白帝镇	N：31°03′11″；E：109°35′11″
大宁河	重庆市巫山县双龙镇下湾村东南方向	N：31°11′14″；E：109°52′15″
香溪河	湖北省宜昌市兴山县峡口镇白鹤村三组	N：31°08′23″；E：110°46′37″

在监测系统安装过程中,首先利用吊车将浮标体从货车上卸下,放入水中,并在浮标体上安装太阳能板支架、太阳能板等部件。然后,运用船舶将浮标拖运至指定安装地点,固定于河中。最后,安装各个仪器、电池等,直至调试完毕。其安装过程如图 6.4 所示。

图 6.4　环境原位监测系统在香溪河的安装过程

为验证自动监测设备在野外运行所获取的环境数据的准确性和稳定性,制订自动监测数据校验方案。

对比监测指标包括:水位、流速、风速、气温、气压、水温、pH 值、电导率、溶解氧、浊度、高锰酸盐指数(COD_{Mn})、总磷、总氮、氨氮、叶绿素 a(Chla)、浮游植物数量、微囊藻毒素、水质综合毒性、CO_2 变化速率。

　　监测检验机构根据监测实施方案对自动监测设备进行校验。校验结果如图 6.5 所示。绿线为人工方法获取的数据，蓝线为自动监测设备获取的数据，两者的误差在 10%之内，处于可以接受的范围。

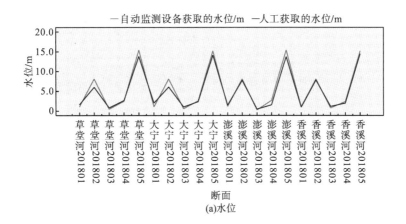

(a)水位

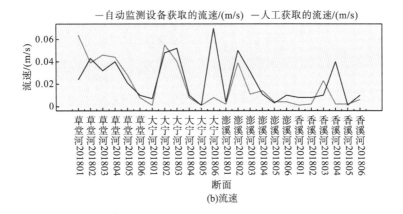

(b)流速

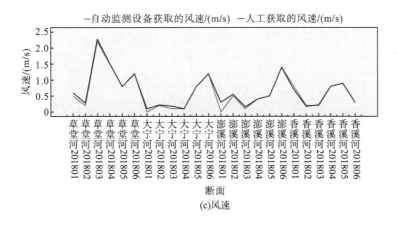

(c)风速

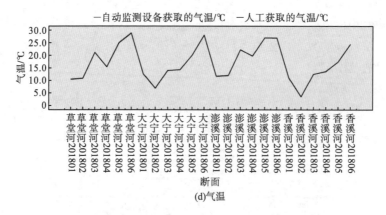

(d)气温

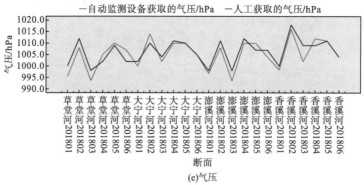

(e)气压

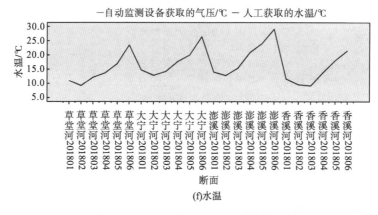

(f)水温

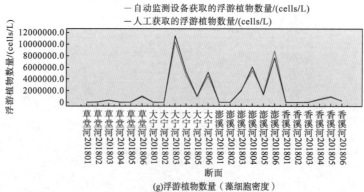

(g)浮游植物数量（藻细胞密度）

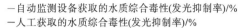

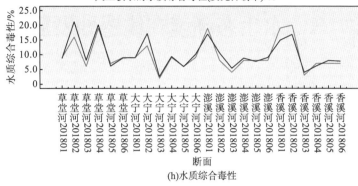

(h)水质综合毒性

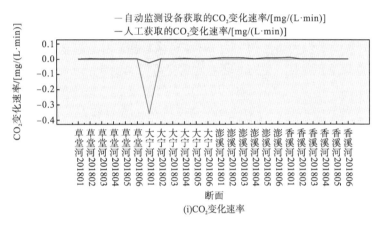

(i)CO₂变化速率

图 6.5　监测结果对比

第 7 章 水生态环境在线感知发展趋势

人与自然是一个生命共同体，自然界与人类社会是相互依存、相互制约的关系，人类寓于自然界之中。改革开放以来，我国经历了世界历史上规模最大、速度最快的城镇化进程，带动了整个社会经济的发展。21 世纪的第一个十年期间，从国外传入的"数字城市""生态城市""低碳城市""绿色城市""智慧城市"等建设热潮相继在我国兴起，这些理念大多强调顶层设计。结合我国的城乡一体化进程，我们不仅需要城市和农村发展的顶层设计，更需要回应时代的发展需求，作与时代相呼应的城乡发展的中层设计。

近年来，环境与资源约束瓶颈加大，环境污染呈加剧蔓延趋势，新污染物质和持久性有机污染物的危害逐步显现，生态与环境问题变得更加复杂，环境风险不容忽视。"绿水青山就是金山银山"的理念，将生态环境保护与经济发展的关系在实践中实现统一，是自然史观和历史观的紧密结合，是对我国发展所处历史方位和人类社会发展大势的深刻把握，诠释了人与自然关系的时代变迁。在我国的传统文化当中，"天人合一，道法自然"的生态理念，体现了人与自然环境和谐发展、共同繁荣的思想。而环境在线感知技术的出现也为实现保护环境目标提供了有力的保证。

在生态环境保护与经济发展的融合进程当中，生态系统完整、环境服务优越、绿色经济活跃、生态文明制度保障到位、生态文化建设丰富等要素有机互补，共同促进环境保护与经济发展的持续。生态系统的完整是经济发展的前提，破败脏乱的生态环境难以产生经济效益，难以支撑地方经济和社会的可持续发展。做好污染防治，保障生态系统完整和环境服务优越，才能守住发展经济的一片青山、一湾绿水。

正如许多技术领域一样，水生态环境感知技术发展趋势主要来自两方面的驱动，一是需求驱动，二是技术驱动。

长期以来，水生态环境监测主要依赖人，通过人的采样、分析化验等获取环境监测信息。这种方式在生态环境监测历程中发挥了重要作用，做出了不可磨灭的贡献。据了解，2018 年重庆市共布设地表水环境质量监测点位 457 个。其中长江干流及 114 条支流布设监测点位 292 个（含国控点位 74 个、市控点位 160 个、区县控点位 58 个）；161 座湖库布设监测点位 165 个（含国控点位 6 个，大中型湖库点位 102 个，主城综合整治湖库点位 57 个）；饮用水共 6 个自动站（9 参数），约 1460 个监测点。全项目 109 项参数，城市 61 项参数，乡镇镇河流 29 项参数，湖库 31 项参数，地下水 39 项参数。

全市干支河流监测断面中，市控以上监测断面 211 个，长江干流 15 个，114 条长江支流 196 个，监测频次为每月 1 次；市控以下监测断面每年监测两次；在 30 条受长江干流回水顶托作用影响的长江一级支流开展水华预警和专项监测，在每条支流回水区和非回水区各布设 1 个断面，每月监测 1 次，同时每月对各条支流至少开展 3 次不定期巡查；在 104 座大中型水库布设 108 个水质监测断面（含国控断面 6 个），监测频次为每年 2 次（国控断面每月监测 1 次)。

　　然而,依赖人的监测体系存在人力资源消耗大、运行成本高、数据采样效率低,以及工作人员由于培训接受程度不一、疲劳和其他主观因素影响数据的客观性等问题。同时,大多数据是通过纸质记录,数据汇总困难,共享和综合分析也较为困难。因此,近年来快速发展的自动化监测方式应运而生。自动化监测大大节省了人力,更多依靠仪器,采样频率可以大幅提高,能及时感知环境变化,同时可以方便地进行数据汇总。采用新技术进行数据分析,进而水环境监测数据可以得到崭新的应用。这种类型的监测方法还在发展之中,并与当代智能技术结合,未来将形成全新的水生态环境感知体系。

　　人类进入信息化社会后,技术的发展突飞猛进,深刻影响人们的生产、生活和社会管理。互联网技术使万物互联,信息的传输和连接无处不在、无所不能。智能技术的发展在自动化的基础上更进一步,向着可控、可分析、可处理发展。通信技术的发展使包括数据和视频在内的信息传输进入实时收发状态。大数据技术满足了信息量越大越好的要求,可以由看似毫无关联的数据发现内在联系,从而研究规律,指导实践。所有这些,推动水生态环境感知进入了一个全新的时代。

　　由这种需求和新技术发展的交替作用,未来的水生态环境感知发展将呈现以下三大趋势。

　　一是智能化。智能化实际上正在渗透人类社会的方方面面,所以现在也称为"智能化社会"。智能化仪器的特征是在自动取样、监测分析、数据存储传输的基础上,具有一定的"智能"特征。这种特征体现在仪器可以根据环境条件变化,自主选择合适的监测方式进行数据的预处理,并发布监测结果。在完成一定的数据积累后,可以进行历史数据的综合分析,推演未来的水生态环境演变趋势,提出管理建议,发出预警预报信息,为区域社会经济发展提供服务。由于智能化技术赋能,一台高度智能化的设备将比现在一个监测站的作用还要大。

　　如智能水质监测仪器可实现水质指标的连续在线监测和水环境质量的自动监控,智能水质设备具有水质实时监测、传感器远程诊断、反控操作、异常数据检查、设备故障报警、污染物超标报警、水质状况智能分析等功能。再如智能水文监测仪器,通过该设备可建立水文监测系统,对全流域的水文信息进行收集,实时准确地掌握流域水文、降水等数据;并可对各监测点位的降水量和水位的涨落趋势进行准确定位和推算,提供水位汛情预报预警等功能。

　　二是集成化。人们希望一台仪器可以同时完成多项任务,如现在的智能手机,既能打电话(电话机),又能看视频(电视机),还能收发邮件(电子信箱),还能进行支付(银行卡)。传感技术的发展使这种期望成为可能。如光纤传感器,可以同时感知压力、变形、温度、光程等,因此可以同时测多项参数。另外,随着集成制造技术发展,仪器可以把相似的集中起来,将数据采样、存储、处理等统一设计,也能有效地进行仪器集成,从而实现一机多能。

　　一体化水质监测仪器平台主要由智能供电系统、仪器载体、水质监测传感器、数据采集控制器、远程无线实时通信系统以及控制中心软件平台等组成。系统通信模式可选采用 GPRS、CDMA、3G、VHF、ZGB、北斗和互联网。高度集成一体化的设计可节省空间,整机美观，如 Hydrolab 一体化多参数水质分析仪，采用便携式设计，多个测量参数在同一探头实现，可广泛应用于水文、水利、地表水、地下水和环保等监测领域。Hydrolab 5X 系列水质参数监测仪除了能监测常规参数外，还可以监测叶绿素、蓝绿藻等参数，其可监测参数总数达到 15 种以上。手持终端备有卫星定位系统，是野外测量的理想选择。同时也可固定安装在各类野外自动监测系统中使用。再如 RT-1000SZ 水质监测仪一体设备，主要适用于自然河流、水库、水源地等地表水及地下水的长期水质在线监测，可实现实时在线动态监测水位、水温、电导率、pH、溶解氧、浊度、氨氮、叶绿素等多种水质参数，通过 GPRS/CDMA/4G/LoRa/北斗卫星等通信方式将监测数据传输到数据中心。监测站由数据太阳能电板、内置电池、采集单元、水质传感器及支架组成。数据采集单元采用太阳能电池板浮充蓄电池的方式进行供电，能确保设备常年稳定运行而无须维护。

三是丰富化。当前阶段，人们对水质、水文及气象等在线监测需求强烈，因此这方面技术发展较快。随着人们对水生态环境污染的认知的深化和环保要求越来越严格，在线感知仪器将会进一步延伸到水生态、重金属等相关参数的监测，其结果是促使在线感知仪器将越发丰富，种类越来越多，未来将覆盖所有需测指标。比如，发展中的水生态在线感知仪器——FerryBox 水生态监测站，该设备是一套全自动实时水生态监测系统，它由德国 4H-JENA 公司生产，现用于多个国家级海洋、淡水监测站和海洋调查船(如德国极星号破冰船"Polarstern""AWIPEV"极地站等)，具有多参数、高精度、低维护等特点，适用于海洋、淡水或极端环境的长期、自动化监测，可以实现便携式、船载式、站房式等监测方式。FerryBox 的特殊构造使得它能将不同厂家、不同型号、不同参数的监测传感器整合在一起，实现多种水质指标和水生态指标同时监测，基本上覆盖了温度、盐度、浊度、高锰酸盐、叶绿素、pH、CO_2、氧化还原电位、溶解氧、藻类种类、藻红蛋白、藻蓝蛋白、水中油等常规水生态监测指标。此外，该设备可以根据使用者的需要进行营养盐、甲烷、氨氮等指标监测。仪器配有除气泡及除泥沙部件，具有自动清洗功能，可以确保用户获取稳定、精确的长期监测数据。再如发展中的重金属在线感知仪器——水质重金属在线监测仪(GNSSZ-HM1810)，该监测仪采用电化学分析方法，基于溶出伏安法技术，引入微电极丝技术和三电极系统，测量准确度高，适用于饮用水、地表水、地下水等一般环境水样和中轻度污染废水中重金属离子监测。该监测仪集重金属铅、镉、铬、汞、砷、钴、镍、硒、铜、锌、锰、铝等监测项目为一体，系统分辨精度电位相对偏差的值应不大于 2%，最小可测浓度为 0.5μg/L，可以满足多项重金属分析的需要。

水生态环境在线感知仪器还在持续发展之中。我国人口众多，人均淡水资源缺乏。通过对水生态环境参数的在线感知，可实现动态掌握水资源演变状况，进一步指导合理调度水资源，集约使用水资源，对于国民经济和生态环境可持续发展意义重大。

水生态环境在线感知任重道远，前景广阔！

参考文献

[1]中华人民共和国水利部. 中国水资源公报 2018. http://www.mwr.gov.cn/sj/tjgb/szygb/201907/t20190712_1349118.html，2019-07-12.

[2]刘兰玉, 蒋昌潭, 安贝贝, 等. 三峡水库 175m 蓄水对长江重庆段水质的影响[J]. 水资源保护, 2012, 28(2): 34-36.

[3]何盛勇, 万丹玲, 刘念, 等. 地表水水质自动监测质量管理概述[J]. 科技创新与应用, 2019, 1(27): 75.

[4]鲍全盛, 王华东. 我国水环境非点源污染研究与展望[J]. 地理科学, 1996(1): 66-71.

[5]黄奕龙, 王仰麟, 谭启宇, 等. 城市饮用水源地水环境健康风险评价及风险管理[J]. 地学前缘, 2006, 13(3): 162-167.

[6]饶云华, 代莉, 赵存成, 等. 基于无线传感器网络的环境监测系统[J]. 武汉大学学报（理学版), 2006, 52(3): 345-348.

[7]辛小康, 贾海燕. 长江流域水资源保护现状分析与关键技术研究展望[J]. 三峡生态环境监测, 2018, (2): 4.

[8]唐璐, 解旭东, 王瑾. 先进传感器材料及其应用研究[J]. 中国西部科技, 2011, 10(7): 50-51.

[9]龚希宾. 基于现场总线的水环境智能监控装置的研究[J]. 工业控制计算机, 2010, (1): 35-36.

[10]徐恒省, 洪维民, 王亚超, 等. 太湖饮用水源地蓝藻水华预警监测体系的构建[J]. 环境监测管理与技术, 2008, (1): 5-7.

[11]张俊辉, 李建贞, 孙元杰. 浅析水文水资源监测现状及应对措施[J]. 河南科技, 2017, 13: 107-108.

[12]胡骁. 环境监测中生物监测技术的应用[J]. 化工管理, 2019, 000(17)： 68-69.

[13]迟颖, 王海新. 环境监测仪器行业 2014 年发展综述[J].中国环保产业，2015(6)： 16-22.

[14]王浩, 秦大庸, 王建华. 流域水资源规划的系统观与方法论[J]. 水利学报, 2002, 8: 1-6.

[15]孙晓敏, 袁国富, 朱治林, 等. 生态水文过程观测与模拟的发展与展望[J]. 地理科学进展, 2010, 29(11): 1293-1300.

[16]孙天华, 李贵宝, 傅桦, 等. 水环境标准与水资源的可持续发展[J]. 水资源保护, 2006, 1: 57-60.

[17]National Water Well Association. RCRA ground water monitoring technical enforcement guidance document[J]. NWWA/EPA Series, National Water Well Association, Dublin, Ohio, 1986: 97-102.

[18]李仰斌, 张国华, 谢崇宝. 我国饮用水源保护与监测相关法规和技术标准编制现状[J]. 中国农村水利水电, 2008, 1: 45-47.

[19]姜文来. 中国 21 世纪水资源安全对策研究[J]. 水科学进展, 2001, 12(1): 66-71.

[20]王浅宁. 水文水资源监测数据自动化整编技术研究[J]. 自动化与仪器仪表, 2018, 2(7): 54-56.

[21]王俊. 水文监测体系创新及关键技术研究[M]. 北京: 中国水利水电出版社, 2015.

[22]董阳, 黄平, 李勇志, 等. 三峡水库水质移动监测指标筛选方法研究[J]. 长江流域资源与环境, 2014, 23(3): 366-372.

[23]阮朋朋. 水资源监测的具体技术方法分析[J]. 科技展望, 2015, 3: 119-120.

[24]陈向国. 环保产业进入新格局、展现新活力[J]. 节能与环保，2020(Z1): 22-23.

[25]杨玺. 面向实时监测的无线传感器网络[M]. 北京: 人民邮电出版社, 2010.

[26]周旺. 我国水环境监测存在的问题及相应对策[J]. 环境与生活, 2014, (8): 5-6.

[27]熊竹, 丁世敏, 解晓华. 建立三峡水库立体化水质监测系统的构想[J]. 科技展望, 2016, 26(3): 114.

[28]樊尚春, 刘广玉. 新型传感技术及应用[M]. 北京: 中国电力出版社, 2005.

[29]单成祥, 朱彦文, 张春. 传感器原理与应用[M]. 北京: 国防工业出版社, 2006.

[30]宫经宽, 刘樾. 光纤传感器及其应用技术[J]. 航空精密制造技术, 2010, 46(5): 49-53.

[31]赵茂泰. 电子测量仪器设计[M]. 武汉: 华中科技大学出版社, 2010.

[32]夏宏玉, 尚建忠. 仪器仪表零件结构设计[M]. 长沙: 国防科技大学出版社, 2001.

[33]吴肖. 离子感应场效应型传感器及相关材料技术研究[D]. 成都: 电子科技大学, 2016.

[34]王丽. 电阻应变计在材料力实验中的应用研究[J]. 计量与测试技术, 2015, 44(11): 17-21.

[35]刘明亮, 朱江淼. 数字信号处理对电子测量与仪器的影响研究[J]. 电子测量与仪器学报, 2014, (10): 1041-1046.

[36]金振林, 高峰. 新型六维腕力传感器弹性敏感元件的灵敏度特性分析[J]. 燕山大学学报, 2000, (3): 228-231.

[37]石顺祥, 张海兴, 刘劲松. 物理光学与应用光学[M]. 西安: 西安电子科技大学出版社, 2000.

[38]Alan R, 周海宪, 程云芳. 光子学设计基础[J]. 应用光学, 2013, (1): 25.

[39]汪西川. 常用新颖电子器件及其应用[M]. 上海: 上海大学出版社, 2000.

[40]张东升. 光镜技术及其在水生生物上的应用[M]. 北京: 中国农业科学技术出版社, 2012.

[41]史永基. 颗粒大小分布光学测量技术[J]. 仪器仪表学报, 1994, 15(1): 77-80.

[42]Latyev S M, 袁长良. 光学仪器分度盘的误差校正[J]. 国外计量, 1987, (6): 9-14.

[43]张礼杰, 殷建军, 项祖丰, 等. 多传感器集成水质监测系统的设计[J]. 工业仪表与自动化装置, 2011, (1): 49-52.

[44]谌廷政. 微光学器件灰度掩模制作及应用技术的研究[D]. 长沙: 国防科技大学, 2004.

[45]罗俊海, 王章静. 多源数据融合和传感器管理[M]. 北京: 清华大学出版社, 2015.

[46]耿云志, 徐慧芳, 沈海斌. 一种无线传感器网络的盲源分离算法[J]. 传感器与微系统, 2015, (9): 126-128.

[47]徐正先, 朱哲. 5G移动通信技术特点及场景应用[J]. 广播电视网络, 2020, 27(8): 36-37.

[48]王振刚. 现代技术背景下的仪器仪表多元化发展研究[J]. 信息记录材料, 2019, 20(5): 222-223.

[49]梁福平, 徐小力, 张福学, 等. 现代仪器制造柔性研发平台构建中的传感器技术[J]. 北京信息科技大学学报(自然科学版),
       2009, 24(3): 22-26.

[50]李庆祥. 现代精密仪器设计[M]. 北京: 清华大学出版社, 2004.

[51]程翔, 贾宇鹏, 韩昌彩, 等. DSP数字信号处理器发展及应用简介[J]. 山东电子, 2003, (1): 26-30.

[52]宋宗峰. 无线传感器网络技术发展现状及趋势[J]. 数字技术与应用, 2011, (5): 145-146.

[53]樊来耀. 参差周期采样信号FIR滤波的时域和频域描述[J]. 电子学报, 1995, (9): 70-74.

[54]盛学良. 地表水环境质量80个特定项目监测分析方法[M]. 北京: 中国环境科学出版社, 2009.

[55]王俭, 孙铁珩, 李培军, 等. 环境承载力研究进展[J]. 应用生态学报, 2005, 16(4): 768-772.

[56]汪志碧, 王晓青, 熊英, 等. 三峡库区泥沙对水污染物浓度测定值的影响研究[J]. 水利水电快报, 2012, 33(5): 16-19.

[57]张东青, 王烨. 压力传感器动态测量方法的研究[J]. 传感器与微系统, 2007, (6): 28-30.

[58]王俭, 朱峰, 刘渊. 智能分布式LonWorks水环境监测系统研究[J]. 微计算机信息, 2010, 26(1): 75-77.

[59]李晓莹. 传感器与测试技术[M]. 北京: 高等教育出版社, 2004.

[60]彭文启, 张祥伟. 现代水环境质量评价理论与方法[M]. 北京: 化学工业出版社, 2005.

[61]闫世源. 现代传感器中的微电容监测技术[J]. 电子制作, 2018, 360(19): 59-62.

[62]于西龙, 张学典, 潘丽娜, 等. COD与TOC、BOD相关性的研究及其在水环境监测中的应用[J]. 应用激光, 2014, 34(5):
       455-459.

[63]娄保锋, 臧小平, 吴炳方. 三峡水库蓄水运用期化学需氧量和氨氮污染负荷研究[J]. 长江流域资源与环境, 2011, 20(10):
       1268-1273.

[64]Karube I, Matsunaga T, Mitsuda S, et al. Microbial electrode BOD sensors (reprinted from biotechnology and bioengineering)[J].
       Biotechnology and Bioengineering, 2009, 102(3): 660-672.

[65]Marty J L, Sode K, Karube I. Biosensor for detection of organophosphate and carbamate insecticides[J]. Electroanalysis, 1992,

4(2): 249-252.

[66]汪婷婷, 杨正健, 刘德富. 香溪河库湾不同季节叶绿素 a 浓度影响因子分析[J]. 水生态学杂志, 2018, 39(3): 14-21.

[67]Aisopou A, Stoianov I, Graham N J D. In-pipe water quality monitoring in water supply systems under steady and unsteady state flow conditions: a quantitative assessment[J]. Water Research, 2012, 46(1): 235-246.

[68]Beheim G, Fritsch K, Flatico J M, et al. Silicon-etalon fiber-optic temperature sensor[C]//Fiber Optic and Laser Sensors VII. International Society for Optics and Photonics, 1990, 1169: 504-511.

[69]刘宇. 数字信号处理技术在多普勒流量计中的应用研究[D]. 西安: 西安理工大学, 2001.

[70]Grattan S K T, Taylor S E, Basheer P M A, et al. Sensors systems, especially fibre optic sensors in structural monitoring applications in concrete: An overview[C]//New Developments in Sensing Technology for Structural Health Monitoring. Springer, Berlin: Heidelberg, 2011: 359-425.

[71]李宇航. 三峡库区水质在线监测系统结构控制技术研究[D]. 重庆: 重庆大学, 2010.

[72]谭超, 董峰. 多相流过程参数监测技术综述[J]. 自动化学报, 2013, 39(11): 1923-1932.

[73]邢文奇, 胡红利, 闫洁冰. 一种参比电容传感器接口电路设计及性能评估[J]. 仪表技术与传感器, 2013, (7): 9-12.

[74]Kascheev S V, Elizarov V V, Grishkanich A S, et al. Laser sensor for monitoring radioactive contamination[C]//Advanced Sensor Systems and Applications VI. International Society for Optics and Photonics, 2014, 9274: 92741K.

[75]于海斌, 梁炜, 曾鹏. 智能无线传感器网络系统[M]. 北京: 科学出版社, 2013.

[76]刘钊琳, 李咏悦. 面向无线传感器网络的水环境监测体系分析[J]. 资源节约与环保, 2015, (9): 125.

[77]李建中, 高宏. 无线传感器网络的研究进展[J]. 计算机研究与发展, 2008, 45(1): 1-15.

[78]李航, 陈后金. 物联网的关键技术及其应用前景[J]. 中国科技论坛, 2011, 1(1): 81-85.

[79]吴文强, 陈求稳, 李基明, 等. 江河水质监测断面优化布设方法[J]. 环境科学学报, 2010, 30(8): 1537-1542.

[80]王耀南, 李树涛. 多传感器信息融合及其应用综述[J]. 控制与决策, 2001, (5): 7-11.

[81]刘学斌, 刘晓霭, 傅道林, 等. 三峡工程库区巫山段干支流水质变化分析研究[J]. 环境科学与管理, 2010, 35(5): 122-125.

[82]刘载文. 水环境系统智能化软测量与控制方法[M]. 北京: 中国轻工业出版社, 2013.

[83]Frymier P D. Sensor technology for water quality monitoring: bioluminescent microorganisms[M]. London: IWA Publishing, 2004.